职业教育公共素养系列教材

U0722670

# 职业素养实践教程

主　编◎魏莹敏　莫荣军　廖松书

副主编◎黄春燕　韦　敏　陆龙燕　叶婷婷　袁常红

参　编◎朱小宇　赖婷婷　劳海燕　邹　琳　梁　铧
　　　　唐峥峥　徐莉惠　姚文丽　钟　岚　班　铭
　　　　黄翠灵　罗锦耀

电子工业出版社
Publishing House of Electronics Industry
北京·BEIJING

## 内 容 简 介

本书以职业院校学生职业发展需求为导向，构建六大模块二十个学习单元的素养培养体系。从"职业素养概述"切入，引导学生认知素养内涵、完成自我画像并对接专业职业；"职业理想素养"模块通过信念培养、价值观塑造及生涯规划，助力学生明确职业方向；"职业人格素养"模块结合兴趣、性格与道德训练，夯实职业情感基础；"职业意识素养"模块聚焦责任、安全、协作等岗位核心意识培养；"职业能力素养"模块涵盖创造思维、动手操作、沟通、学习、适应等五大实践能力训练；"职业一般素养"模块则从知识与技能、行为习惯、礼仪形象等基础层面规范职业行为。本书案例丰富，实用性、针对性强，符合中职学生认知规律，能帮助学生正确理解职业素养在个人职业生涯发展中的重要意义，有利于提升中职学生职业素养意识，助力中职学生快速适应岗位和职业发展的需求。

本书可作为职业院校公共基础课教材，也可作为职场新人提升职业素养的参考用书。

**图书在版编目（CIP）数据**

职业素养实践教程 / 魏莹敏，莫荣军，廖松书主编.

北京 ： 电子工业出版社，2025. 7. -- ISBN 978-7-121
-50730-4

Ⅰ．B822.9

中国国家版本馆 CIP 数据核字第 2025HM6948 号

责任编辑：游　陆

印　　刷：三河市华成印务有限公司

装　　订：三河市华成印务有限公司

出版发行：电子工业出版社

　　　　　北京市海淀区万寿路 173 信箱　邮编　100036

开　　本：787×1 092　1/16　印张：8.25　字数：211.2 千字

版　　次：2025 年 7 月第 1 版

印　　次：2025 年 8 月第 2 次印刷

定　　价：29.80 元

凡所购买电子工业出版社图书有缺损问题，请向购买书店调换。若书店售缺，请与本社发行部联系，联系及邮购电话：（010）88254888，88258888。

质量投诉请发邮件至 zlts@phei.com.cn，盗版侵权举报请发邮件至 dbqq@phei.com.cn。

本书咨询联系方式：（010）88254489，youl@phei.com.cn。

# 丛书编审委员会

## 一、编写背景与意义

在产业升级与职业教育改革深度融合的背景下，职业院校学生的职业素养培养已成为对接岗位需求的关键环节。当前职场不仅要求熟练的技能，更强调责任意识、创新思维等综合素养的协同发展。本书立足新时代职业教育育人目标，参考《中国学生发展核心素养》总体框架，通过充分调研现代企业用人需求，针对职业院校学生从校园到职场过渡的痛点，将抽象素养转化为可训练的学习模块，力求填补技能教学与职业素养培养的衔接空白，全面提升中职学生的职业素养。

## 二、本书内容特色

### 1. 系统性与实用性并重

本书全面系统梳理职业素养内容，分为职业理想素养、职业人格素养、职业意识素养、职业能力素养、职业一般素养五大类别进行阐述。结合职业院校学生的认知规律，全书有针对性地设置六个模块二十个学习单元，帮助学生系统认知职业素养，全方位提升职业素养。

### 2. 理论知识与探究活动结合

本书采用学习目标、知识链接、知识拓展、探究活动的编写结构，既详细阐述了职业素养的理论知识，又在"探究活动"环节通过案例分析等任务对学生进行职业核心素养与核心能力的"实战"训练，通过"学中做"切实提升学生的职业素养。

### 3. 紧密联系岗位实际

本书针对岗位实际中易被忽视的部分职业核心素养，在"职业意识素养"模块设置"主体责任意识与质量效益意识""职业法律法规意识与安全责任意识"等学习单元，强化学生的质量效益、安全责任、法律法规等重要意识，帮助学生树立"安全即效益"的职业思维，引导学生在未来岗位中自觉成为质量与安全的守护者。

## 三、教学理念创新

本书贯彻"以学生为中心"的教育理念，强调"三个转变"：

第一，从"知识灌输"转为"行为塑造"，将职业素养标准转化为可量化的习惯训练；

第二，从"被动接受"转为"主动实践"，通过"探究活动"等任务设计，让学生在案例分析中通过"模拟"自主建构素养认知；

第三，从"单一训练"转为"系统全面"，通过系统全面地学习五大素养内容，推动学生全面提升职业素养。

通过"三个转变"，帮助学生将职业素养要求内化为岗位行为准则，实现从"知道"到"做到"的能力跃升。

四、致使用者的建议

教师可根据不同专业学生特点灵活重组教学模块，如工科类专业可侧重"职业法律法规意识与安全责任意识"等训练，旅游服务类专业可强化"职业礼仪形象素养"等单元的学习。对学生而言，建议主动参与"探究活动"等互动环节，在每一次活动中提升职业素养和职业能力。

本书凝聚了来自不同中等职业学校十余位一线教师的集体智慧，历经充分的调研论证、教学实践与内容迭代，旨在帮助中职学生系统构建职业素养认知，全面提升职业素养和职业能力，为学生快速胜任工作做好准备，为学生未来职业生涯奠定基础。

# ▶ CONTENTS 目 录 ● ● ●

# 职业素养概述

## 学习单元一
# 认知职业素养

## 学习目标

1. 理解职业素养的内涵与特性。
2. 明确职业素养的构成要素。
3. 掌握职业素养培养的基本途径。

职业素养是职场成长与成功的第一动力，是衡量个人能否胜任所处岗位、体现个人能否适应职场的能力。良好的职业素养可以帮助我们顺利地进入职业状态并取得职业生涯的成功，实现我们的职业理想。一般来说，职业素养高的人在职业发展过程中获得成功的机会更多，更易于取得成就。

## 一、职业素养的内涵

### 知识链接

#### "素养"文化内涵的语义学分析

"素养"一词源于古代汉语，意指平日的修养。在我国，"素养"最早出现在《汉书·传·眭两夏候京翼李传》中所载的"马不伏历，不可以趋道；士不素养，不可以重国"，意为"修习涵养"。在现代社会中，"素养"一词泛指个体在知识、技能、态度、价值观等方面的综合水平和能力。它不仅涵盖了个体的先天条件，更着重于经过后天的学习与实践所形成的一种内在品质。

2001年之前，"素养"在教育领域的使用频率远不及"能力"和"素质"，无论是教育研究者还是一线教师对这个词语都很陌生。2001年之后，虽然"素养"在国家教育文件中被频繁使用，其甚至取代了基础知识和基本能力，成为新的核心培养目标，但官方文件却始终未对素养的内涵作出明确的正面界定。学者们或着眼于"素养"的语义分析，或借鉴国外研究成果，或对"素养""素质""能力"进行比较，以界定和解释"素养"一词。

有研究者根据《辞海》对素养"经常修习涵养"的释义，将素养理解为"是可以培养的，是在后天的学习中养成的"。还有研究者综合了素养在《现代汉语词典》和《辞海》中的释义，将其理解为"人通过长期的学习和实践（修习培养）在某一方面所达到的高度，包括功用性和非功用性"，并据此提出了能力与素养的关键区别，即是否具有非功用性，该论者认为，能力重在功用性。语义分析是阐释名词学理意蕴的基础方法，但若要得到全面、客观的内涵理解，还需结合词语在具体使用范畴和语境中的意蕴。

职业素养也称职业修养，就是一个人在职场上待人处事时所表现出来的内心的、习惯的、本来的，时常会不自觉展现出来的基本品性。

## 二、职业素养的特性

职业素养不同于一般素养，是在职业中表现出来的素养。职业素养是个体在职业活动中所展现出的综合品质和能力，它决定了个人在职场中的表现和发展潜力。一个具备良好职业素养的人，不仅能够在工作中取得出色的成绩，还能为团队和组织带来积极的影响。一般来说，职业素养主要具有下列特性。

### （一）职业性

不同的职业，职业素养是不同的。对建筑工人的职业素养要求，不同于对护士的职业素养要求；对商业服务人员的职业素养要求，不同于对教师的职业素养要求。李素丽的职业素养始终是和她作为一名优秀的售票员联系在一起的，正如她自己所说："如果我能把10 米车厢、三尺票台当成为人民服务的岗位，实实在在去为社会做贡献，就能在服务中融入真情，为社会增添一份美好。即便有时自己有点烦心事，只要一上车，一见到乘客，就不烦了。"

### （二）稳定性

一个人的职业素养是在长期执业过程中日积月累形成的。它一旦形成，便会产生相对的稳定性。比如，一位教师，经过多年的教学实践，就会逐渐形成怎样备课、怎样讲课、怎样热爱自己的学生、怎样为人师表等一系列教师职业素养，于是，便会保持相对的稳定性。

当然，随着继续学习、工作和环境的影响，他的这种素养还可能继续提高。

### （三）内在性

职业从业人员在长期的职业活动中，经过学习、认识和亲身体验，他们会知道怎样做是对的、怎样做是不对的。这样，有意识地内化、积淀和升华这一心理品质就是职业素养的内在性。人们常说："把这件事交给某某去做，有把握，请放心。"这反映了职业素养的内在性。

### （四）整体性

一个从业人员的职业素养是与其整体素养有关的。一个人的职业素养好，不仅指他的思想政治素养、职业道德素养好，而且指他的科学文化素养、专业技能素养好，甚至指他的身体、心理素养好。一个从业人员的思想道德素养好，但科学文化素养、专业技能素养较差，就不能说这个人整体素养好。相反，一个从业人员的科学文化素养、专业技能素养都不错，但思想道德素养比较差，同样，也不能说这个人整体素养好。所以，职业素养的一个重要特点就是整体性。

### （五）发展性

一个人的职业素养是通过教育、社会实践和社会影响逐步形成的，它具有相对性和稳定性。但是，随着社会的发展，职业素养对人们不断提出新的要求，人们为了更好地适应、满足社会发展的需要，总是不断地提高自己的职业素养，所以职业素养具有发展性。

## 三、职业素养的构成要素

职业素养是指个体在从事职业活动中所必备的各种能力和品质的综合体现。它不仅涵盖个人的专业知识和技能，还包括沟通、合作、责任、解决问题、学习创新、职业道德以及自我管理和情绪控制等方面的能力。一般来说，职业素养的构成要素如下。

### （一）专业知识和技能

专业知识和技能是职业素养的基础。具备扎实的专业知识和相应的技能是个体能够胜任本职工作的基本要求。专业知识和技能的掌握程度直接影响着工作效率和质量。

### （二）沟通和表达能力

有效的沟通和表达能力对于职场成功至关重要。良好的沟通能力能够帮助个体清晰地传递自己的想法，准确理解他人的需求，并有效地进行团队合作。

### （三）团队合作和协调能力

在多数工作环境中，团队合作是必不可少的。具备良好的团队合作和协调能力，能够与团队成员相互支持、配合默契，共同完成任务。

### （四）责任心和敬业精神

责任心是职业素养的重要体现。具备强烈责任心的人会对自己的工作负责，追求卓越，并展现出高度的敬业精神。

### （五）解决问题的能力

面对问题和挑战时，能够迅速分析、判断并采取有效措施解决问题是职业素养的重要组成部分。这种能力能够帮助个体在职场中应对各种复杂情况。

### （六）学习和创新能力

在不断变化的社会和职场环境中，具备持续学习和创新的能力至关重要。这种能力能够帮助个体适应变化，把握机会，创造新的价值。

### （七）职业道德和操守

职业道德和操守是职业素养的重要组成部分。具备高尚的职业道德和操守能够确保个体在工作中坚守道德底线，维护职业形象和声誉。

### （八）自我管理和情绪控制

有效的自我管理和情绪控制对于个人职业发展至关重要。这种能力能够使个体合理规划时间、调整心态、控制情绪，有助于个体在高压环境下保持高效的工作状态。

综上所述，职业素养的构成涵盖了专业知识和技能、沟通和表达能力、团队合作和协调能力、责任心和敬业精神、解决问题的能力、学习和创新能力、职业道德和操守及自我管理和情绪控制等多个方面。这些部分共同构成了一个人的职业素养体系，对于个人在职场中的发展和成功具有重要影响。

## 四、职业素养的培养

职业素养是每个职场人士必备的重要能力，它不仅关系到个人的职业发展，更直接影响到团队协作和公司的整体形象。培养职业素养的基本途径包括以下几个方面。

### （一）专业知识学习

作为职场人士，要不断深化自己的专业知识，通过系统学习和积累实践经验成为所在领域的专家。这样不仅能够提高工作效率，还能够赢得同事和上级的信任与尊重。

### （二）沟通技巧提升

沟通是职场中不可或缺的技能。要想提升沟通技巧，首先要学会倾听，理解他人的需求和想法；其次要清晰、准确地表达自己的观点，并学会使用恰当的语气和措辞。只有不断练习和实践，提高沟通能力，才能使自己在与同事、上级和客户沟通时更加得心应手。

## （三）团队协作训练

团队协作是现代职场中非常重要的能力，因此要学会与团队成员建立良好的合作关系，积极参与团队活动，为团队目标贡献自己的力量。同时，还要学会在团队中发挥自己的优势，帮助团队解决问题，推动团队向前发展。

## （四）时间管理优化

时间管理能力是职业素养的重要组成部分，因此要学会合理规划时间，提高工作效率。首先，要设定明确的工作目标，制订切实可行的计划。其次，要遵循时间管理原则，如优先级原则、时间分配原则等，确保工作能够按时完成。

## （五）职业道德培养

职业道德是职场人士必须具备的品质，因此要时刻保持诚信、敬业、有责任心等良好品质，严格遵守职业道德规范。同时，要学会在面对困难和挑战时保持冷静和理智，始终坚持正确的道德观念。

## （六）自我学习能力

职场变化迅速，要想跟上时代的步伐，必须具备自我学习能力，因此要学会利用业余时间进行学习，不断充实自己。此外，还要学会从实践中学习，通过总结经验教训来提高自己的技能和能力。

## （七）解决问题能力

在职场中，面对问题和挑战时，拥有解决问题的能力至关重要，因此要学会分析问题，找出问题的根源，并提出切实可行的解决方案。同时，要保持冷静和乐观的心态，勇于面对困难，不断寻求突破。

## （八）持续自我反思

自我反思是提升职业素养的重要方法，因此要定期对自己的工作进行总结和反思，找出自己的不足和需要改进的地方。同时，要学会从他人的反馈中汲取经验，不断完善自己。

总之，职业素养的培养是一个长期而持续的过程。通过在专业知识学习、沟通技巧提升、团队协作训练、时间管理优化、职业道德培养、自我学习能力、解决问题能力及持续自我反思等方面的努力和实践，可以不断提升自己的职业素养，为自己的职业发展打下坚实的基础。

**知识拓展**

常见职业的素养要求

**1. 工程技术人员的基本素养**

具备突出的创新思维能力，能够运用科学的学习方法独立获取、加工、利用专业信息，解决实际问题。

具备扎实的专业基础知识，包括但不限于工程学原理、材料科学、生产工艺等。

熟练掌握相关的技术技能，如CAD（计算机辅助设计）绘图、实验操作、机械加工等。这些技能将有助于工程技术人员将理论知识转化为实际应用，提高生产效率和质量。

具备良好的团队协作精神，能够与其他成员有效沟通、协同工作，共同推进项目的顺利进行。

具备较强的解决问题能力。在面对技术难题和突发问题时，能够迅速分析原因，提出并实施有效的解决方案，确保项目的顺利推进。

具备深厚的安全意识，严格遵守安全操作规程，确保人员和设备的安全。

**2. 广告策划、设计人员的基本素养**

具有大局观，能以战略眼光解决实际问题。

具备较丰富的知识，具备扎实的视觉设计技能，包括色彩搭配、排版设计、图形处理等。具备创新思维和设计感，能够提出新颖、独特的广告创意，具有较强的识别判断能力。

法治道德观念较强，有法律意识，有道德标准。

具备良好的沟通技巧和团队协作能力，确保广告策划和设计的顺利实施。

需要对品牌有深入的理解和定位，确保广告活动与品牌形象的一致性。需要了解品牌的核心价值和目标消费者，从而在广告策划和设计中传达出正确的品牌信息。

需要研究消费者的购买决策过程、需求、偏好等，从而在广告中触发消费者的购买欲望。

具备良好的时间管理和效率意识。需要合理安排工作时间，确保项目按时完成，同时保证工作质量。

需要保持持续学习的态度，不断更新自己的知识和技能。需要关注行业动态、学习新技术、提升设计能力，以应对不断变化的市场需求。

**3. 推销、采购人员的基本素养**

自我管理能力较强，严格自律。需要保持持续学习的态度，不断提升自己的专业水平和能力。

具备扎实的专业知识基础和敏锐的市场洞察力，能够较准确地把握市场行情。

具备优秀的沟通能力，能够清晰、准确地传达信息，同时善于倾听他人的需求和意见。

善于分析客户的需求和偏好，以便提供符合客户期望的产品或服务。

坚守诚信的职业道德，做到诚实守信、言行一致。

具备灵活的解决问题的能力。

具备良好的团队协作精神，能够与他人有效沟通、协调配合。

### 4. 金融、财会人员的基本素养

法治意识强，能坚持原则。

专业知识扎实。

具备强大的数据分析能力，包括数据处理、数据挖掘、财务比率分析等。通过对数据的深入分析，能够为企业的决策提供有力的数据支持。

遵守职业道德，确保财务报告的真实性和准确性。

具备高度的保密意识，确保财务信息的安全。

具备良好的沟通能力和协调能力，能够清晰、准确地传达财务信息，解决各种问题。

保持持续学习的态度，不断提高自己的专业水平和能力。

具备高效执行和落实的能力。

### 5. 外贸工作人员的基本素养

思想政治素养过硬，讲究国格和人格。

具备扎实的专业知识基础。拥有优秀的外语能力并深入了解国际商务规则、贸易惯例和支付方式等基本知识。

具备市场分析能力，能够分析国际市场的趋势、竞争对手的情况及消费者的需求，从而为企业制定有效的市场进入策略。同时，还需要关注汇率、关税等经济因素，以及政策变化对市场的影响。

具备高超的谈判技巧和策略，包括如何设置底线、如何进行有效沟通、如何运用心理战术等。同时，还需要具备灵活应变能力，以应对谈判中可能出现的各种意外情况。

具备跨文化理解的能力，尊重并适应不同文化背景下的商务习惯和价值观。

严格遵守相关法规，确保业务的合规性。应该了解并遵守出口管制、知识产权保护、反洗钱等方面的规定，避免发生违法行为而给企业带来损失。

具备优秀的客户关系管理能力，包括客户信息管理、客户需求分析、客户维护等。

### 6. 教师的基本素养

热爱教育，有献身精神。

热爱学生，有爱心、有耐心。

具备扎实的专业知识，对所教学科有深入的了解和研究。

具备先进的教育理念，理解教育的本质和目的，关注学生的全面发展。

具备良好的沟通能力，能够倾听学生的心声，理解学生的需求，为学生提供有效的指导和帮助。

具备灵活多样的教学方法，根据学生的年龄、性格、兴趣等特点，选择合适的教学方法，激发学生的学习兴趣，提高教学效果。

具备高尚的情操和良好的师德。教师要以身作则，恪守职业道德。

具备持续学习成长的能力和创新思维能力，勇于探索和实践新的教育模式、教学方法。

### 7. 商业经营人员的基本素养

具备一定的商业知识和诚信守法意识，了解市场运行规律。

具备敏锐的市场分析能力，能够准确把握市场动态，洞察消费者需求，预测市场趋势。

具备良好的沟通技巧和客户服务技能，包括沟通能力、解决问题的能力、应变能力等。在与客户交流时，要热情、耐心、细致，积极解决客户问题，提高客户满意度。

具备商业道德操守，做到公平竞争、诚实守信、尊重知识产权等。在商业活动中，要遵循道德原则，不做损害消费者利益和企业形象的行为。同时，要积极履行社会责任，关注环境保护、公益事业等，为企业树立良好的社会形象。

具备敏锐的洞察力、丰富的想象力和勇于尝试的精神。

## 探究活动

1. 选择一位职业导师，可以是专业教师、企业导师，或社区导师，做一次访谈，了解导师的从业历程及其对所从事职业的认识，完成以下练习。

导师姓名：_____  年龄：_____  技术等级：_____

职业（岗位）名称：_____  从业年限：_____

取得的荣誉：_____

（1）职业导师的工作内容及工作事迹（100字左右）：

_____

_____

（2）分析职业导师工作中体现出的职业素养有哪些：

外显职业素养：

_____

内隐职业素养：

_____

_____

**2．案例分析**

小王是某职业院校会计专业的学生，在校期间学习成绩优良，毕业后应聘到一家公司做出纳工作。入职后，小王工作态度认真，业务进步，与同事和领导的关系处理得也不错，得到了单位的一致认可。小王的几个同事热衷炒股，其中一个人还靠炒股票赚的钱买了车，于是小王在业余时间也跟着学习，开始涉入股市。然而，股票市场并不像小王想象的那样简单，他炒股后没多久就被套牢了。小王不甘心，就找借口向同学借钱，想通过继续炒股把钱赚回来。但借来的钱再次打了水漂。急于翻盘的小王，开始偷偷地挪用自己经手的单位资金，由于单位的财务主管对小王比较信任，有些工作流程没有严格按规章制度执行，这给小王留下了可钻的空子，小王的行为在很长一段时间内没有被发现。等到事情败露时，单位蒙受了巨大的经济损失，小王也受到了严厉的法律制裁。

讨论：小王缺乏哪些基本职业素养？

## 学习单元二
# 自我认知

## 学习目标

1．理解自我认知的内涵。

2．明确自我认知的重要性。

3．掌握自我认知的方式。

最有希望的成功者，并不是才华最出众的人，而是那些有着清醒的自我认知和善于利用每一时机发掘开拓的人。

——比尔·盖茨

知人者智，自知者明。

——老子

有些人几十年来，一直麻木不仁、随波逐流地生活，很少去思考：我是谁？我与他人究竟有什么不同？我究竟想要什么？我是否活成了自己真正想要的样子？

认识自己确实是一个很困难的过程，每个人都是一个矛盾的组合体，他（她）也许在事业上表现得很独立，但在生活中却需要别人的呵护。只有真正地了解和认识自己的特点、优势、劣势和需求，才能找到自己在事业和生活中的定位和方向，取得自我成长和发展。

## 一、自我认知的内涵

自我认知是一个复杂的心理过程，指的是个体对自己的认识和理解。它涵盖多个方面，包括自我观察、自我评价、自我理解和自我调节等。自我认知涉及个体对自己的感知、思维、情感、行为、能力、气质、价值观念等方面的知觉和关系。通俗来讲，自我认知就是通过各种方法清晰地知道自己是谁。

从心理学的角度来看，自我认知是指个人对自己的情绪、动机、目标以及个人特点和知识的认识。这种认知活动不仅涵盖了对外界的认知，还包括了对自己内心世界的认知。自我认知是一个动态的过程，它随着个体的成长和发展而不断变化。

在社会心理学中，自我认知被认为是个体在社会中的主观认知和认识活动。这种认知活动包括对自己的态度、兴趣、技能、特点以及在不同情境下表现的认识。通过自我认知，个体可以更好地理解自己，从而更好地适应社会和生活。

自我认知往往是随着人的发展变化而动态变化的。自我认知的前提是，你需要认识到"我并不真的了解自己"这个普遍的事实，并且不认为这是一种不成熟的标志。然后，你愿意敞开自己的心扉，去探索自己的行为、习惯、思维背后的原因，并乐于接纳。不断地探索自己内心的奥秘与探索外部世界一样，都需要非凡的勇气。因为你发现的有可能是珠玉，也有可能是苦难。挖出自己矛盾、纠结、偏离常态的行为模式背后的意愿，常常伴随着原生家庭、成长经历中伤痛的回忆，而这些回忆之所以演化成了行为模式中的矛盾之处，很可能是因为长期以来你的潜意识里是希望掩盖和逃避它们的。

认知的核心是自我认知，一个人只有足够了解自己，才能够了解和理解自己与他人的关系、交流的方式、互动的模式，从而更好地了解他人；只有了解自己和他人的关系，人们才能了解自己所处的社会、环境，甚至了解这个世界。

总的来说，自我认知是个体对自己的全面认识和理解，它既包括对自己内在和外在方面的认知，也包括对自己的思维过程、学习能力、适应能力等的认知。通过自我认知，个体可以更好地了解自己，进而更好地规划自己的人生和发展方向。

### 探究活动

#### 探究活动 1："10 个我"

准备 1 张空白纸，1 支笔，写出 10 句"我是怎样的人"，要求尽量写一些反映自己风格的句子，尽可能避免出现类似"我是一个男生/女生"这样的句子，写完可以跟同伴交流或者向全班展示。

我是一个_____的人。

我是一个_____的人。

············

## 二、自我认知的重要性

自我认知是个体对自己内心世界的了解与洞察，它在个人成长与发展中扮演着至关重要的角色。以下从多个方面详细阐述自我认知的重要性。

### （一）个人成长导向

自我认知是个人成长的指南针。通过深入了解自己的兴趣、优势、劣势、价值观和目标，个体能够更有针对性地制订成长计划，明确发展方向，避免盲目努力。这种以自我认知为基础的成长导向，有助于个体在职业、学术和个人生活中取得更好的成就。

### （二）情感智慧提升

自我认知有助于提升个体的情感智慧。情感智慧是指个体在情感管理、人际交往和情绪调节方面的能力。通过深入了解自己的情绪、情感需求和反应模式，个体能够更好地管理情绪，增强情感稳定性和自控力，从而提升情感智慧。

### （三）决策质量优化

自我认知能够优化个体的决策质量。在面临选择时，了解自己的价值观、需求和风险承受能力，有助于个体作出更符合自身实际情况的决策。同时，自我认知还能帮助个体预见和评估决策可能带来的后果，从而避免盲目冒险或过度保守。

### （四）自信心建设

自我认知对于自信心建设至关重要。通过了解自己的优点、成就和价值，个体能够建立起积极的自我形象，增强自信心和自尊心。这种自信心有助于个体在面对挑战和困难时保持坚定和勇敢，积极寻求解决问题的方法。

### （五）人际关系改善

自我认知有助于改善个体的人际关系。了解自己的性格特点、沟通风格和需求，有助于个体更好地理解他人，减少误解和冲突。同时，自我认知还能帮助个体建立起健康的人际关系边界，在保护自己的同时尊重他人。

### （六）自我价值实现

自我认知是实现自我价值的关键。通过深入了解自己的价值观、使命和目标，个体能够明确自己的人生追求，为实现自我价值提供方向。这种对自我价值的清晰认识，能够激发个体的内在动力，推动其不断追求进步和发展。

### （七）自我激励持续

自我认知有助于个体保持持续的自我激励。了解自己的成就动机、兴趣点和激励方式，有助于个体设定合理的目标，制定有效的奖励机制，从而保持积极的学习和工作态度。这种持续的自我激励能够推动个体不断挑战自我，实现更好的成长和发展。

### （八）生活满意度提升

自我认知有助于提升个体的生活满意度。通过了解自己的需求、期望和幸福源泉，个体能够更有针对性地调整生活方式，寻求满足感和幸福感。同时，自我认知还能帮助个体更好地应对生活中的挑战和困境，保持积极的生活态度，从而提升生活满意度。

综上所述，自我认知在个人成长与发展中具有多方面的重要性。它不仅能够引导个体实现更好的成长，提升情感智慧和决策质量，还能助力自信心建设、人际关系改善、自我价值实现、自我激励持续及生活满意度提升。因此，个体应该积极培养自我认知能力，不断探索和了解自己，为未来的成长和发展奠定坚实的基础。

## 三、自我认知的有效途径

每个人的自我认知都是活到老学到老的终生修炼课程，常用的自我认知方法或途径有三种：内省、寻求反馈、专业测评辅导。

### （一）内省

内省主要是通过自我观察的方式认识自己，如所秉持的价值观、信念，遇事时自己的所思所想和情绪反应等。内省的方式可以是多种多样的，如写日记、记感受、写经验总结等。借助内省的方式进行自我认知，最主要的是要如实地记录和观察自己的内心活动。

但在实际应用过程中，很多人却把内省仅仅用于失败场合，花费大量的时间反思"为什么"，挖掘失败的原因。这可能会导致自省的人陷入自我批判和质疑，或者不断地为自己的行为找借口和理由。

### （二）寻求反馈

心理学家乔瑟夫·勒夫和哈里·英汉姆提出了一个名为"乔哈里资讯窗"的模型，这一模型根据我们对自己的了解、对自己的不了解、别人对我们的了解、别人对我们的不了解这四种情况，认为每个人的自我都应该分为四部分，也就是四扇窗户，分别是"开放我""盲目我""隐藏我"和"未知我"。

1．开放我：我知道，你也知道

你非常清楚自己是怎样的人，同时身边的人对你也有比较清晰的认识，指的是"我自己知道、别人也知道"的自我概念，比如你的外形、学历、性别、籍贯、爱好、特长和外显的人格特点等。这部分涵盖了一个人最基本的信息，是了解和评价自我的基本依据。"开放我"的大小取决于自我心灵的开放程度、个性张扬的力度、人际交往的广度及其他人对你的关注度。比如，一个性格外向、乐于自我暴露的人，"开放我"的部分就会分量较重。这类人勇于进行自我展示，不畏惧别人对自己的评价和看法，并且乐于和别人分享自己的观点和感受，给人的感觉像是一池清水，清澈透明，一眼见底。

2．盲目我：我不知道，可你知道

你不知道自己有这样的特点，然而身边的人却对你有这样的认识，指的是"我自己不知道，而别人知道"的自我概念，也就是"别人眼中的你"，通常，这是人际关系中发生误会乃至冲突的根源，因为"别人眼中的你"和"你眼中的自己"并不一致。

3．隐藏我：我知道，你不知道

你知道自己有这样的特质，但身边的人都不清楚，指的是"我自己知道，而别人不知道"的自我概念。这一部分，有可能是我们还没有机会展示给别人看的优点，理由可能是为人低调、不想太张扬，也有可能是我们刻意隐藏起来的缺憾，比如一些童年往事、痛苦的经历和身体上的隐疾等。人人都有隐私。一些隐私，我们不愿意让别人知道，这是正常的心理需要。心理学认为，适度的内敛和自我隐藏有助于心理平衡和健康。但是，如果隐私太多、隐藏太深，别人就可能认为你很难接近，难以看懂，难以走进你的内心，难以做朋友，而你自己也会觉得孤独。

4．未知我：我不知道，你也不知道

你不清楚自己有这样的一面，他人也不清楚，指的是"我自己不知道，而别人也不知道"的自我概念。这个部分通常指的是我们尚待开发的能力和个性，很有可能是我们潜藏的"宝藏"。充分挖掘自己的潜力，也许会让你的人生从此不同。

因此，仅依靠自身的自我认知是有盲区的，这就需要我们借助他人的反馈更清晰地认知自己。同时，这也是提升外在自我认知的重要途径，有效自我认知的实质是扩大"开放我"，与他人分享"隐私我"，通过他人的评价减少"盲目我"，不断通过他人的优点开发"未知我"。

### （三）专业测评辅导

自我认知最难的部分是深层次的东西，即隐藏于冰山之下的价值观、信念、个性、动机等。依靠内省和他人反馈，自我认知的过程可能会漫长而零散。而专业测评辅导则是相对快捷和系统的方式。

在使用测评辅导时，最好选择应用较广的、相对成熟的工具和方法，并有专业人员帮助解读和辅导。切记不要随意在网上进行测验，以免徒添烦恼。

## 四、自我认知的方式

### （一）保持开放心态，追求真相

自我认知是一个漫长且痛苦的过程，每个人都有两面性，既有我们乐于展示的一面，也有我们不想看到的一面。那么，保持开放的心态就显得非常重要。与开放的心态相对应的是封闭的心态，二者的最大区别就在于：开放的心态更关注事实的真相，而封闭的心态则更关注自己是否正确，以及在他人眼里自己是否正确，从而产生逃避和掩饰心理。因此，若我们想要追求的是自我的真相，那么不论使用哪种自我认知的方式，都需要秉持开放的心态。

### （二）正视事实，不进行自我批判

一个人在进行自我认知时，有时会过于关注负面信息，反而会陷入自我批判和质疑之中。这会导致自我认知陷入停滞或者失之偏颇。

在自我认知过程中，不论我们呈现出的自己是什么样子的，我们都要正视事实。在事实面前，我们既不需要欢呼雀跃，也不需要妄自菲薄，只要如实地看待自己即可。

### （三）探索"是什么"，而非"为什么"

自我认知的最终目的是自我成长与发展，我们要做的事情不是追根溯源，而是要明确"是什么""做什么"。只有当我们知道了"是什么"，我们才能对自己的现状进行准确定位，然后朝着我们希望到达的地方行动。因此，在自我认知的过程中，探索"是什么"远比"为什么"来得重要。

总之，认识自己、理解自己、成为自己是我们一生的课题，保持积极的心态，去享受这痛并快乐着的旅程吧！

## 🔍 探究活动

### 探究活动 2：你眼中的我

拿出 1 张空白纸，在白纸左上角写上你的名字，然后以顺时针在小组内传递，由小组其他成员对你进行评价，每位小组成员至少写出一点后传递给下一位小组成员，直到卡片重新传递到你的手中。（要求：认真、准确、如实描述，后面的人不要与前面重复）最后数一下有几个是自己认同的，有几个是自己不认同的。

## 学习单元三
# 认知专业和职业

### 学习目标

1. 理解专业和职业的内涵。
2. 理解专业与职业的关系。
3. 了解专业与对应职业岗位群。

有事可做的人就等于有了自己的产业，而只有从事天性擅长的职业，才会给他带来利益和荣誉。站着的农夫要比跪着的贵族高大得多。

——富兰克林

## 一、专业和职业的内涵

### （一）专业的内涵

1. 专业的含义

（1）广义的专业，是指人类在社会科学技术进步、生活生产实践中，用来描述职业生涯某一阶段、某一人群，用来谋生，长期从事的具体业务作业规范。

（2）狭义的专业，是指在职业院校里，根据科学分工或生产部门分工把学业分成的门类。

2. 专业的作用

学习专业可以发展思维能力、解决问题的能力和批判性思维能力，帮助人们认识自己的兴趣爱好和天赋，为未来职业提供所需的知识和技能，同时在奉献社会中创造价值。

### （二）职业的内涵

1. 职业的含义

职业是参与社会分工，利用专门的知识和技能为社会创造物质财富和精神财富，获取合理报酬并将其作为物质生活来源，并满足精神需求的工作。它是指一个人所从事的具体工作的种类。可以从多角度理解职业的含义：从社会的角度来看，职业是劳动者获得的社会角色；从国家的角度来看，职业是社会分工的一个部门；从个人的角度来看，职业是为承担一定义务并享有相应权利而"扮演"的社会角色。

2．职业的特性

（1）社会特性：充分体现社会分工。

（2）经济特性：在承担职业岗位职责并完成工作任务之后，获得报酬，获得收入。

（3）技术特性：任何一个职业岗位都有技术要求和技术水准。

3．职业的作用

（1）播种劳动果实的土壤。职业是播种劳动果实的土壤，是获得经济收入的来源，能维持家庭生活。职业能促进人的个性发展，增长专业能力，促进综合能力的全面发展。

（2）实现人生价值的舞台。个人在社会劳动中从事具体劳动的体现是个人贡献社会、实现人生价值的途径和体现。职业能使人获得名誉、权力、地位和金钱，同时能维持社会稳定，推动行业、科技发展和社会进步，实现国家的长治久安、繁荣昌盛。

## 二、专业和职业的关系

专业是学业门类，职业是工作门类。专业是基础，职业目标则是动力和努力方向。专业和职业呈递进关系：学业（即专业）的完成意味着工作（即职业）的开始。专业水平在一定程度上决定了自身的职业方向，而职业的发展需要掌握专业知识和专业技能。一个专业可选择多种职业，同时一种职业要求具备多种专业技能。

### （一）专业包容职业

在专业领域内发展职业，一生的职业发展基本限制在专业领域内，专业技能在职业发展中的重要性≥80％。特点：自己选择的职业与所修专业高度一致。要求：学精专业。例如，师范专业、医护专业。

### （二）以专业为核心发展职业

一生的职业发展以专业为核心，重要性≥60％。特点：选择职业与专业较一致，但职业发展明显超越专业领域。要求：学好专业，选修与职业发展一致的课程。例如，计算机专业、语言专业等。

### （三）专业与职业部分重合

以专业为基础发展职业，一生的职业发展是在专业基础上确定的，有重点地沿某些方向拓展，重要性≥40％。要求：学好专业，选修其他喜欢的专业。例如，学习外语专业，成为主持人。

### （四）专业与职业相切

一生的职业发展与专业基本无关或在专业边缘发展职业，重要性为10％～20％。要求：

保证专业合格，辅修其他适合专业。例如，学习雷达系统专业，从事计算机服务和软件业。

### （五）专业与职业分离

一生的职业发展与专业完全无关，重要性＜10%。要求：尽量调整专业或辅修其他专业。例如，学习外语专业，从事电商行业。

## 三、专业与对应职业岗位群

### （一）职业岗位群及分类

1. 职业岗位群

职业岗位群，顾名思义，就是与职业相关的岗位群体，指与职业岗位互相联系的一个职业系统。

2. 职业岗位群分类

横向职业岗位群，是指第一次就业择业面的拓展或者今后可能转岗的职业。例如，护理专业对应的横向职业岗位群是临床护理（内科护理、外科护理、妇产科护理、儿科护理、急救护理等）、社区护理（母婴保健、儿童保健、老年保健、康复保健等）及老年福利护理（老年保健、康复保健、营养保健）等。

纵向职业岗位群分为两类：一是指个人技术等级或业务职称的发展；二是指个人行政职级、职务或角色的转换的进步（见图1-1）。

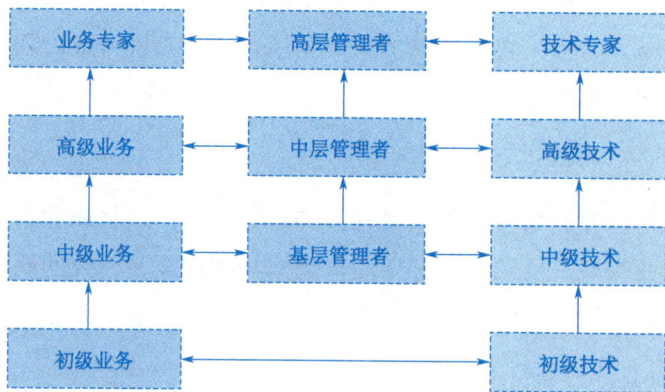

图1-1　纵向职业岗位群

### （二）不同专业的职业发展路径

1. 计算机科学与技术专业的职业发展路径

软件开发工程师：负责设计和开发软件应用程序，包括前端和后端开发。

数据分析师：负责收集、处理和分析大量数据，以提供有价值的见解和预测。

网络安全工程师：负责保护组织的网络安全，防范各种网络威胁。

系统架构师：负责设计和规划系统架构，确保系统的稳定性和可扩展性。

2．金融专业的职业发展路径

投资银行家：负责为企业提供融资、并购和上市等金融服务。

风险管理师：负责评估和管理组织的风险，确保业务稳定和可持续发展。

会计师：负责审计、核算和管理财务数据，确保财务信息的准确性和合规性。

理财规划师：负责为客户提供财务规划、投资和保险等理财服务。

3．医学专业的职业发展路径

医生：负责诊断、治疗和预防疾病，为患者提供专业的医疗服务。

护士：负责照顾患者、执行医嘱和提供护理服务。

药师：负责管理药品、提供用药咨询和药物调配等服务。

公共卫生专家：负责研究和管理公共卫生问题，制定和实施公共卫生政策。

## 知识拓展

### 我国职业分类

《中华人民共和国职业分类大典》将我国职业归为 8 个大类。

第一大类：党的机关、国家机关、群众团体和社会组织、企事业单位负责人，其中包括 6 个中类；

第二大类：专业技术人员，其中包括 11 个中类；

第三大类：办事人员和有关人员，其中包括 4 个中类；

第四大类：社会生产服务和生活服务人员，其中包括 15 个中类；

第五大类：农、林、牧、渔业生产及辅助人员，其中包括 6 个中类；

第六大类：生产制造及有关人员，其中包括 32 个中类；

第七大类：军队人员，其中包括 4 个中类；

第八大类：不便分类的其他从业人员，其中包括 1 个中类。

## 探究活动

1．请学生分享对专业和职业及其关系的理解

你现在所学的专业是＿＿＿＿＿＿＿＿＿＿，未来你想要从事的职业是＿＿＿＿＿＿＿＿＿＿，你知道你所选择的专业与你将来所从事的职业有怎样的关系吗？

2．案例分析

获得"感动中国"2023 年度人物的杨华德于 1983 年 7 月从绵阳农业专科学校农学专业毕业并正式加入农业"大家庭"，他开始奔走在田间地头，围着老农技专家"打转"。然而，其并不满足于已有成就，毅然前往广西农学院农学系遗传育种专业攻读研究生，专注修炼"本领内功"。学成归来的他，又一头扎进"三农"事业中，从事杂交水稻科研工作。近 9 年的援非时间，他成功地将布隆迪这个非洲国家的水稻产量由平均每公顷 3 吨提升至 10 吨，创造了非洲水稻高产新纪录。2024 年，60 岁的杨华德开始了第三期援非工作，11 年的辛勤耕耘，通过"一带一路"倡议将中国的友谊和智慧播撒在这片非洲大地上。

讨论：从杨华德身上体现了专业与职业之间存在着怎样的关系？

# 职业理想素养

职业理想是个人对未来所从事职业的向往和追求，是人生理想的重要组成部分。人们对美好生活的向往和追求往往通过具体、实际的职业活动来实现。职业理想是职业生涯发展的方向，指引着我们努力的方向，激励着我们持久而坚定地追求既定目标。

## 知识链接

### "理想"文化内涵的语义学分析

理想作为一种精神现象，是人类社会实践的产物。人们在改造客观世界和主观世界的实践活动中，既追求眼前的生产生活目标，渴望满足眼前的物质和精神需求，又憧憬未来的生产生活目标，期盼满足未来的物质和精神需求。对现状永不满足、对未来不懈追求是理想形成的动力源泉。从一定意义上讲，理想是人们在实践中形成的、对未来社会和自身发展的向往与追求，是人们的世界观、人生观和价值观在奋斗目标上的集中体现。

职业理想素养是人们在职业上依据社会要求和个人条件，借想象而确立的奋斗目标，即个人渴望达到的职业境界。它是人们实现个人生活理想、道德理想和社会理想的手段，并受社会理想的制约。

职业理想是人们对职业活动和职业成就的超前反映，与人的价值观、职业期待、职业目标密切相关，与人的世界观、人生观密切相关。

## 知识拓展

### 常见职业的理想素养要求

职业理想素养是指在职业发展过程中所应具备的素质和品质。以下是一些常见职业的理想素养要求。

（1）专业知识和技能：具备扎实的专业知识和技能，能够胜任自己的岗位工作。

（2）责任心和自律性：对工作和职业具有高度的责任感，能够自律并按时完成任务。

（3）创新意识：能够积极思考、提出新的想法和解决方案，推动工作的创新。

（4）沟通能力：具备良好的沟通能力，能够与同事和客户有效地交流和合作。

（5）协同团队素养：有能力与伙伴协作，调和任务，共筑团队之志。

（6）解决问题能力：能够独立思考，快速有效地解决工作中遇到的问题。

（7）领导能力：具备一定的领导能力，能够带领团队高效地完成工作任务。

（8）学习能力和适应能力：能够持续学习和适应工作环境的变化，不断提升自己。

（9）诚信和正直：做人做事诚实守信，遵守职业道德和规范。

（10）勇于承担风险和挑战：敢于接受挑战和承担责任，在面对困难时保持乐观和勇敢。

这些职业理想素养是一个综合性的素养体系，对于一位从业人员来说，具备这些素养将有助于实现个人职业目标，提升职业发展水平。

## 学习单元一
# 职业信念与职业认同

### 学习目标

1. 理解职业信念的内涵与作用。
2. 掌握职业认同的内涵与作用。

## 一、职业信念

### （一）职业信念的内涵

职业信念是指个人对于职业、工作和职业生涯的信仰和价值观。这些信念通常由个人的经验、教育、文化和社会背景来塑造，并对个人的职业选择、职业发展和工作态度产生深远影响。

通常所说的"事业心"就是"职业信念"。从心理学来看，"事业心"不是人与生俱来的，也不是后天教育灌输的，而是通过能力学习和训练得到的一种本领。

### （二）职业信念的作用

职业信念是指一个人在职业领域中所持有的核心信念和原则，它对个人的职业生涯起到了重要的作用。一是指导职业选择：职业信念可以帮助个人确定适合自己的职业方向，从而更有目的地选择职业。二是塑造职业态度：个人的职业信念影响着其对工作的态度和行为，对于职业发展和成功至关重要。三是影响职业满意度：与个人的职业信念一致的工作往往会带来更高的满意度和幸福感。

### （三）建立健康的职业信念

（1）自我认知：了解自己，通过自我评估、兴趣调查和价值观审视等方式，了解自己的优势、兴趣和价值观。

（2）确立职业规划：依据自我认知确立清晰的职业规划，从而为将来的事业发展打好基础。

（3）探索职业选项：研究不同行业，了解不同行业的特点、发展前景和工作环境，以拓展职业选择的范围。通过实习和志愿者工作来积累工作经验，进一步了解自己的兴趣和能力。

## 二、职业认同

### （一）职业认同的内涵

职业认同是指个人对所从事职业的认同和认可程度。它反映了个人对职业角色和身份的理解，是个人在工作中所表现出的自我认同和自我价值的体现。

### （二）职业认同的作用

（1）提升工作动力：对所从事职业的认同感会增强个人的工作动力和责任感，提高个人的工作绩效。

（2）提升职业满意度：与所从事职业的认同感一致的工作会带来更高的满意度和幸福感，有利于促进个人的职业发展和提升个人的工作成就感。

（3）促进职业成长：建立良好的职业认同有助于个人的职业成长和职业转型，提高个人的职业竞争力。

### （三）塑造健康的职业认同

1．发展专业技能

持续学习：不断提升自己的专业技能和知识水平，以适应职业发展的需要。

参与行业社区：积极参与相关行业的社区和组织，与同行交流经验，拓展职业人脉。

2．培养积极的工作态度

保持乐观心态：面对挑战和困难时，要保持乐观的态度和积极的心态，这有助于克服障碍，取得更好的工作表现。

重视工作成就：认可自己在工作中的成就，增强自信心，增强对所从事职业的认同感。

职业信念和职业认同是个人职业发展中至关重要的因素，它们不仅影响个人的职业选择和发展方向，也关乎个人的工作满意度和职业成就。通过建立健康的职业信念和积极的职业认同，个人可以更好地实现职业目标，拓展职业发展空间，实现自我成长和价值的最大化。个人的向往和追求只有同社会的需要和人民的利益相一致，才可能变为现实。中国特色社会主义进入了新时代，新时代属于每一个人，每一个人都是新时代的见证者、开创者、建设者。新时代要求我们肩负起全面建设社会主义现代化国家、实现中华民族伟大复兴的历史使命，我们要立大志、明大德、成大才、担大任。我们要与新时代同向同行，坚定前进信心，把个人的命运与国家的前途和人民的命运联系在一起，将个人的职业理想同实现中华民族伟大复兴的中国梦结合起来，自觉将个人的发展融入国家和社会的发展中，在为实现中华民族伟大复兴而奋斗的过程中实现个人职业理想。

## 探究活动

1. 选择一位职业导师，可以是专业教师、企业导师，或社区导师，做一次访谈，了解导师的职业信念是什么，完成以下练习。

导师姓名：_____ 年龄：_____ 技术等级：_____

职业（岗位）名称：_____ 从业年限：_____

取得的荣誉：_____

（1）职业导师的职业信念（50字左右）：

_____

_____

（2）分析个人应怎样实现职业理想：

_____

_____

2. 案例分析

小丽是一名中职学生，就读于一所技术职业学校，她有着一个令人羡慕的职业理想——成为一名优秀的汽车美容师。虽然这个职业在一些人眼中可能不够"高大上"，但对于小丽来说，她热爱汽车美容工作，认为这是一项融合了技术和创意的职业，能够让自己发挥所长，同时也能为人们提供美好的驾驶体验。

在学校里，小丽努力学习汽车美容技术，不仅积极参加校内培训课程，还利用课余时间自学相关知识。她还积极参加汽车美容比赛，以提升自己的技艺。在实习期间，她用自己的热情和努力得到了老师和同事们的赞赏。毕业后，小丽找到了一份在汽车美容店上班的工作，并且被领导赏识，被提拔为店长助理。在这个岗位上，小丽积累了更多的实战经验，学会了管理团队、接待顾客、协调工作等技能。她不仅能够独当一面，还可以带领团队取得业绩。

随着时间的推移，小丽的努力逐渐得到了回报，她逐渐成了一名备受客户信赖的汽车美容师。她不仅技术精湛、服务周到，还具备良好的团队合作精神和管理能力。最终她实现了自己的职业理想，成了一名优秀的汽车美容师，为更多的人提供了专业的汽车美容服务。

讨论：小丽是怎样实现自己的职业理想的？

## 学习单元二
# 职业价值观与目标定位

### 学习目标

1. 理解职业价值观的定义与分类。
2. 明确设定目标的重要性。
3. 掌握准确进行职业目标定位的方式。

职业价值观与目标定位是个人职业发展中至关重要的组成部分。它们不仅指导着个人在职业生涯中的方向和行为，也对提升个人的满足感和成就感产生着深远影响。了解和确定职业价值观与目标定位有助于增加在职业发展过程中获得成功的机会，从而更容易取得成就。

## 一、职业价值观

### 知识链接

#### "价值观"文化内涵的语义学分析

1. 价值观是基于人的一定的思维感官而做出的认知、理解、判断或抉择，也就是人认定事物、辨别是非的一种思维或取向，从而体现出人、事、物一定的价值或作用；在阶级社会中，不同阶级有不同的价值观念。

2. 美国心理学家洛特克在其所著《人类价值观的本质》中这样解释：价值观是一种抽象的目标，超越了具体的行动和环境；它来自我们对内心感受的评价，没有对错，只有真实与否；它提供给你工作与生活的内驱动力，是关于"什么是最重要的"的观念。

### （一）职业价值观的定义

职业价值观体现了个人在选择职业生涯时的理想和态度，是对工作的理解、看法及对事业成功的渴望和期望的显现。一个人的理念、信仰和对生活的总体看法对职业生涯的作用主要蕴含于其职业价值观之中。

常言道"人各有志",其中的"志"若是体现在对工作的选择上，便是职业观，它是一种明确目的、自觉追求与坚毅选择职业的心态及行动，并对个体的事业抱负与选择职业的原因具有重大影响。

## （二）职业价值观的分类

根据不同的划分标准，人们对职业价值观的种类划分也不同。美国心理学家洛特克在其所著《人类价值观的本质》一书中提出了13种价值观，包括成就感、审美追求、挑战、健康、收入与财富、独立性、爱、家庭与人际关系、道德感、欢乐、权利、安全感、自我成长和社会交往。我国学者阚雅玲则将职业价值观分为12类，包括收入与财富、兴趣特长、权力地位、自由独立、自我成长、自我实现、人际关系、身心健康、环境舒适、工作稳定、社会需要、追求新意。

## （三）职业价值观的重要性与关系

职业价值观的重要性主要体现在以下三个方面：一是指导行为。职业价值观为个人的行为提供了指导，帮助个人在职业生涯中做出决策并付诸行动。二是提升满意度。与个人的价值观相符的工作和职业往往会增加个人的工作满意度和幸福感。三是增强自信。清晰的职业价值观可以增强个人的自信心，帮助他们在面对挑战和困难时更加坚定。

在明确职业价值观的同时，需妥善协调以下几个方面的关系：首先，要保持事业与财富之间的均衡，树立健康的财富观，并以个人发展和成就为核心；其次，要和谐联结职业与个人爱好、才能，从事既有兴趣又有天赋的工作能够激发个人潜力，使得工作效率倍增；再次，要理顺工作中个体与社会的联系，认识到个体的价值须融入社会贡献中才能得以完全体现；最后，要妥善协调淡然对待名誉与积极追求名誉的矛盾，恰当掌握界限，确保在理智、合法、正当、均衡的原则下追求名誉。

## 知识拓展

### 马斯洛需求层次理论

马斯洛提出了一个层次化的动机理论，该动机理论在心理学界得到了广泛认可，该动机理论通过五个层次阐述了人类的基本需求，并常用金字塔形状来描述各需求层次的顺序和重要性（见图2-1）。这些需求由下而上依次是：生理需要（如食物与服饰）、安全需要（如人身安全）、社会需要（如友情）、尊重需要（如自我尊重）和自我实现（如价值观）。这套多级需求构架被划分为物质性价值需求与精神性价值需求。

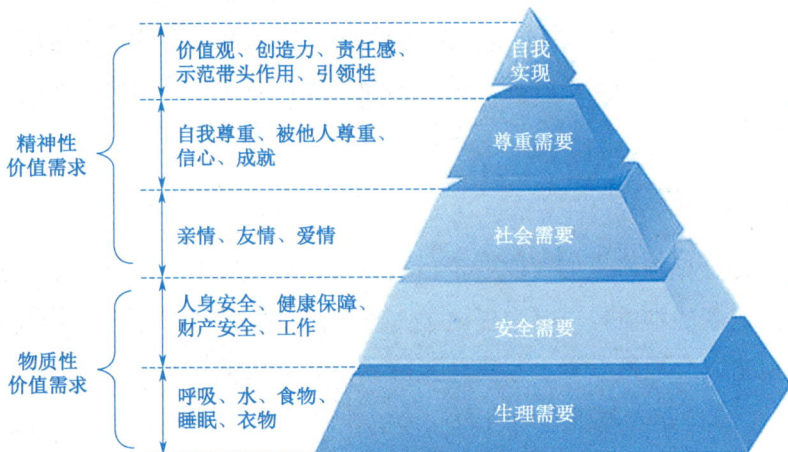

图 2-1　马斯洛需求层次理论示意图

# 二、目标定位

## （一）目标定位的定义

目标定位是个人在职业生涯中设定的具体、可量化的目标和追求的方向。这些目标通常与个人的价值观和职业理想相一致。明确的目标定位对于学生的职业发展起着至关重要的作用，因此学生应建立自己的目标定位，为未来的职业生涯做好准备。

## （二）设定目标的重要性

（1）提供方向：设定明确的职业目标有助于个人确定自己的职业方向和发展路径。

（2）激发动力：有明确目标的个人更容易保持动力和专注力，努力实现自己的职业抱负。

（3）衡量成就：设定目标并实现它们可以帮助个人衡量自己的成就，增强自信心。

## （三）设定和实现

（1）明确目标：确保目标具体、可量化、可达成，并与个人的价值观相一致。

（2）制订计划：制订详细的行动计划，包括时间表、所需资源和必要的步骤。

（3）持续反馈：定期评估目标的进展，并根据需要进行调整和修正。

职业价值观和目标定位是个人职业生涯中至关重要的组成部分。它们不仅指导着个人的行为和决策，还对个人的工作满意度和成就感产生重要影响。通过深入了解和积极实践这些概念，个人可以更好地管理自己的职业生涯，并实现自己的职业抱负。

## 探究活动

**案例分析**

小王是一名年轻的中职毕业生，她在中职期间主修市场营销专业，并在实习中积累了丰富的营销经验。毕业后，小王找到了一份市场营销助理的工作，但她觉得自己的才能和潜力在工作中没有得到充分发挥。因此，小王决定重新审视自己的职业价值观，并设定更具体的职业目标。

**讨论：**

1. 小王应该从哪几个方面重新审视自己的职业价值观？
2. 小王重新审视自己的职业价值观后，应怎样设定更具体的职业目标？

---

### 学习单元三

# 职业选择与职业生涯规划

---

## 学习目标

1. 了解职业的含义与分类。
2. 理解职业选择的定义及三大要素和三大原则。
3. 掌握职业生涯规划的相关内容。

## 一、职业的含义

## 知识链接

### "职业"文化内涵的语义学分析

"职业"一词，由"职"和"业"两个字组成。"职"的造字本义是指古代基层官员听取民意并做记录，后引申为管理某种事务，如《周礼》的"设官分职"；"业"原为古代记事的方法，后引申为从事的业务、事情，如《桃花源记》中的"武陵人捕鱼为业"。

根据中国职业规划师协会的定义，职业是指性质相近的工作的总称，一般是指个人服务社会并作为主要生活来源的工作，包含 10 个方向（农村农业、生产加工、制造、服务、娱乐、政治、科研、教育、管理、商业），细化分类有 90 多个常见的职业，如农民、工人、个体商人、公共服务、管理等。

西方学者普遍认为，职业是指不同行业和组织中存在的一组类似的职位。美国社会学家塞尔兹认为，职业是一个人为了不断取得个人收入而从事的具有市场价值的特殊活动，这种活动决定着从业者的社会地位，具有技术性、经济性和社会性三大特征。从社会活动来看，职业是劳动者获得的社会角色，劳动者为社会承担一定的义务和责任，并获得相应的报酬；从国民经济活动所需要的人力资源角度来看，职业是指不同性质、不同内容、不同形式、不同操作的专门劳动岗位；而对于个人而言，职业则是个人在社会活动中所从事的作为谋生手段的工作。

## 二、职业的分类

根据西方国家的一些学者提出的理论，划分职业类型的方法一般有以下三种。

### （一）按脑力劳动和体力劳动的性质、层次进行分类

这种分类方法强调职业的等级性，把工作人员分为白领工作人员和蓝领工作人员两大类。白领工作人员主要包括：专业性和技术性的工作，农场以外的经理和行政管理人员、销售人员、办公室人员。蓝领工作人员主要包括：手工艺及类似的工人、非运输性的技工、运输装置机工人、农场以外的工人、服务性行业工人。

### （二）按心理的个别差异进行分类

这种分类方法根据美国著名的职业指导专家约翰·霍兰德创立的霍兰德职业兴趣理论，把人格类型划分为 6 种，即现实型、研究型、艺术型、社会型、企业型和常规型，与其相对应的是 6 种职业类型。

### （三）根据各个职业的主要职责或从事的工作进行分类

国际劳工组织制定的《国际标准职业分类（2008）》将职业划分成十个主要类别，具体如下：

第一类为管理者，包括公司高层、部门经理等职位。

第二类是专业人员，如医生、律师、工程师等。

第三类为技术和辅助专业人员，涵盖信息技术专家、实验室技术员等。

第四类是办事人员，涉及办公室职员、行政助理等工作。

第五类为服务与销售人员，包括服务员、销售代表等职位。

第六类是农业、林业和渔业技工，包括农民、林业工人等。

第七类为工艺和相关行业工，涵盖制鞋工、纺织工人等。

第八类是工厂、机械操作与装配工，包括工厂操作工、装配线工人等。

第九类是初级职业，如清洁工、保安等。

第十类为武装军人职业，包括军人、警察等。

这一分类体系旨在提供一个全球统一的标准，以便统计和比较不同国家和地区的职业结构。通过这样的分类，可以更好地理解全球劳动力市场的现状和发展趋势，为政策制定提供有力支持。这种分类有助于促进国际的劳动力流动和技能提升，同时也为个人职业规划提供了参考。

为适应新时代我国人力资源管理的需要，2021年4月，人力资源社会保障部会同国家市场监督管理总局、国家统计局启动了《中华人民共和国职业分类大典》（以下简称《大典》）修订工作。此次修订工作，经向社会广泛征集修订建议、组织专家评审论证、书面征求中央和国家机关有关部门意见等程序，现已基本完成，形成了《大典》公示稿（以下简称公示稿）。公示稿中，职业划分为8个大类、79个中类、449个小类、1 636个细类（职业）、2 967个工种。

第一大类：党的机关、国家机关、群众团体和社会组织、企事业单位负责人。

第二大类：专业技术人员。

第三大类：办事人员和有关人员。

第四大类：社会生产服务和生活服务人员。

第五大类：农、林、牧、渔业生产及辅助人员；

第六大类：生产制造及有关人员；

第七大类：军队人员；

第八大类：不便分类的其他从业人员。

## 三、职业选择

职业选择是基于对职业的期望和兴趣，根据能力以及将能力与职业需求相匹配来选择职业的过程。人们的职业选择可能会发生在职业发展的整个过程中。

职业选择理论侧重于从个体的角度探索职业行为，关注个体需求、兴趣、能力等内在因素在职业选择与发展中的重要作用，强调个人特征与职业特征的匹配。具有代表性的理论是佛兰克·帕森斯的人职匹配理论。

佛兰克·帕森斯的人职匹配理论又称特质因素论，是用于职业选择与职业指导的最经典的理论，是在清楚认识、了解个人的主观条件和社会职业岗位需求条件的基础上，将主观条件与社会职业岗位相对照、相匹配，选择一种职业需求与个人特长相匹配的职业。1909年，佛兰克·帕森斯在其《选择一个职业》的著作中，明确阐述了职业选择的三大要素、两种类型及三大原则。

### （一）职业选择的三大要素

第一，特质，即应清楚地了解自己的态度、能力、兴趣、智谋、局限和其他特征。

第二，因素，即应清楚地了解职业选择成功的条件及所需知识，在不同职业工作岗位上所占有的优势、不利、补偿、机会和前途。

第三，上述二者的平衡。

### （二）职业选择的两种类型

第一种是因素匹配，即需要专门技术和专业知识的职业与掌握该种特殊技能和专业知识的择业者相匹配。例如，脏、累、苦等劳动条件比较差的职业，需要能吃苦耐劳、体格健壮的劳动者与之相匹配。第二种是特性匹配，即需要一定特长的职业与具有这些特长的择业者相匹配。例如，具有敏感、易动感情、不守常规、个性强、理想主义等人格特性的人，比较适合从事审美性、进行自我情感表达的艺术创作类的职业。

### （三）职业选择中的三大原则

根据人职匹配理论，佛兰克·帕森斯提出了"职业选择中的三大原则"。

第一，了解自我，即对自我进行探索，包括了解个人的兴趣、能力、资源、优势、劣势等。

第二，了解工作，即了解职业的能力素质要求、知识经验、工作环境、薪酬、晋升机会及发展前景等。

第三，匹配，即对上述两类资料进行综合，并找出与个人特质匹配的职业。

佛兰克·帕森斯的人职匹配理论是职业选择的经典理论，至今仍然是有效的，并对职业生涯规划、职业心理学的发展起到了重要的指导作用。

## 四、职业生涯规划

### （一）职业生涯规划的定义和目的

职业生涯规划又叫职业生涯设计，是指个人与环境结合，在对一个人的职业生涯的主观条件进行测定、分析、总结的基础上，对他的兴趣、爱好、能力、特点进行综合分析与权衡，结合时代特点，根据他的职业倾向，确定其最佳的职业奋斗目标，并为实现这一目标做出行之有效的安排。职业生涯规划是对职业生涯乃至整个人生进行持续的系统计划的过程。

一个人的职业生涯一般占生命历程的 42％～50％，职业生涯是人一生中最重要的历程，对人生价值起着决定性作用。如果要让自己的职业发展达到理想的状态，从自己的职业生涯中最大限度地获得成功与满足，就需要科学、系统和合理地进行职业生涯规划。

职业生涯规划有两个主要目的：第一个目的是找到适合自己的工作。每个人都有长处和短处，每一份工作都有优势和劣势，理想的工作就是能够扬长避短，实现人与职位相匹配的工作。认知是职业生涯规划的首要环节，它决定着个人职业生涯的发展方向，也决定着职业生涯规划的质量。求职之前要进行职业生涯规划，而进行职业生涯规划之前则要进行准确的自我认知。要清楚自己想要干什么、能干什么，自己的兴趣、才能、学识适合干什么。第二个目的是通过规划求得职业发展。明确各个阶段的发展目标，结合市场状况、行业前景及职位要求等，制订有利于实现发展目标的计划、列举出为实现目标所需要做的准备和努力。简而言之，就是要弄清楚三件事情：自己擅长什么、自己爱好什么、这个社会需要什么。

### （二）如何进行职业生涯规划

在进行职业生涯规划时，首先要结合自己的个性、潜力、兴趣、环境等因素设定目标，规划出可以付诸实际行动的人生蓝图。职业生涯规划的系统化、合理化程度和可行性等因素决定着职业生涯的成功与否，根据职业生涯的阶段性特点来制定合理的职业生涯规划并逐步推进是非常重要的。

在设计个人的职业生涯规划时要注意以下三点：一是要尊重自己的潜质及个性；二是比起外在价值，更应注重内在价值。三是在设计职业生涯规划时，要在社会需求的范围内进行设计。

如图 2-2 所示，在职业生涯规划过程中，自我剖析与环境分析是基础。自我剖析侧重于内因分析，明晰自己的世界观、人生观和价值观；分析自己的专业知识和技能及职业素养水平；审视自己的性格、兴趣与人格特征；等等。环境分析侧重于外因分析，包括宏观环境分析和微观环境分析及竞争者的挑战和威胁。通过自我剖析和环境分析，逐渐确立职业目标。

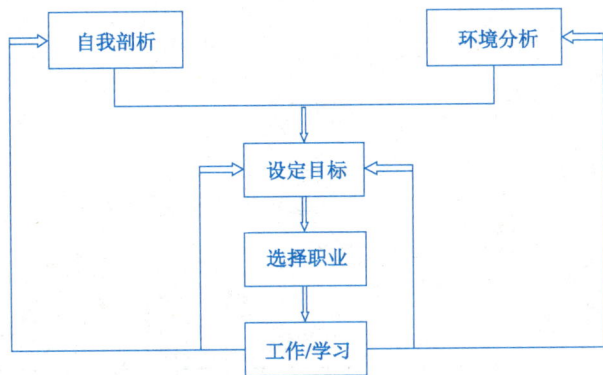

图 2-2 职业生涯规划过程示意图

### （三）成功的职业生涯规划应遵循的原则

职业生涯规划要切合实际，规范的企业一般会有比较完善的员工晋升制度，这在很大程度上为员工制定合理、科学、具体的职业生涯规划提供了科学的参考。通常，企业的员工晋升轨迹有横向和纵向两种，或者说有管理、技术两条路线，每条路线都有详细的晋升管理办法、考核制度、申请通道来成就员工在职业上的成长。

成功的职业生涯规划还应遵循下列原则。

（1）根据社会所需选择的原则。设计职业生涯时一定要分析社会需求，目光要长远。社会需求不断变化，新的职业不断产生，因此选择的专业和职业不仅要满足社会需求，而且对这方面的人才要有长期需求。

（2）择己所好的原则。从事自己喜欢的工作是人生一大乐事，职业生涯会因此妙趣横生。

（3）择己所长的原则。任何职业都要求具备一定的能力，在选择专业和职业时应从利于发挥自身优势的原则出发，扬己所长地选择职业。

（4）择己所利的原则。职业是个人谋生的手段，选择职业时要考虑预期的收益。明智的选择是结合收入、社会地位、成就感和工作付出等多种变量因素综合考虑后做出决定。

总之，"眼界决定境界，思路决定出路，定位决定地位，理念决定命运，细节决定成败"。一个人要想实现职业理想，就要认清自我，开阔眼界，培养良好的综合素质。

## 探究活动

1．个人职业生涯规划设计书

#### 个人职业生涯规划设计书（参考模板）

---

**个人基本资料**

姓名：_____ 　性别：_____ 　年龄：_____

联系电话：_____ 　所在学校：_____ 　班级及专业：_____

取得的荣誉：_____

一、自我认知

1．职业兴趣——喜欢干什么；

2．职业能力——能够干什么；

3．个人特质——适合干什么；

4．职业价值观——最看重什么；

---

5．胜任能力——优劣势是什么。

| 我的优势 | 我的劣势 |
|---|---|
|  |  |

自我分析小结：

二、职业分析

1．家庭环境分析（如经济状况、家人期望等及对本人的影响）

2．学校环境分析（如学校特色、专业学习、实践经验等）

3．社会环境分析（如就业形势、就业政策、竞争对手等）

4．职业环境分析（如行业、职业、企业分析）

职业分析小结：

三、职业定位

综合第一部分（自我认知）及第二部分（职业分析）的主要内容得出本人职业定位：

| 职业目标（宏观） | 将来从事（ 行业） 职业 |
|---|---|
| 职业目标（微观） | 走入 类型的组织（或到 地区发展） |
| 职业发展路径 | 走技术路线（管理路线） |
| 具体路径 | —初级 —中级 —高级 |

四、计划实施

### 计划实施一览表

| 计划名称 | 时间跨度 | 总目标 | 分目标 | 计划内容 | 策略和措施 |
|---|---|---|---|---|---|
| 短期计划（3 年以内） | | | | | |
| 中期计划（5 年以内） | | | | | |
| 长期计划（10 年左右） | | | | | |

五、评估调整

职业生涯规划是一个动态的过程，必须根据实施结果的情况及因素变化进行及时的评估与修正。

2．案例分析

### 小雨职业生涯的第一次转折

小雨是一名酒店管理专业的学生，平日里非常喜欢喝咖啡，于是在校期间选修了咖啡课程，并在校外进一步学习咖啡的相关知识，还为自己制定了一份咖啡方面的职业生涯规划。实习期间，小雨放弃了到某五星级酒店宴会厅实习的机会，而是选择了一家名气不大的咖啡连锁店做服务员。工作中她对咖啡的钟爱和对咖啡知识的渴求使其抓住了一次偶然的机会，当上了一名兼职咖啡师，这给她带来了不小的动力，她认为自己在一步步实现职业目标。但有一件事情的发生让她有了新的感触。一天，同事小李与顾客发生冲突，主管领导因为开会不在现场，身为实习生的小雨出面解围，并成功化解了顾客的怨气。主管领导知道此事后，对小雨解决问题的能力给予了肯定，并将她提升为领班。此事让小雨很有成就感，也让她无意间发现了自己的管理才华，工作时更加有动力。毕业后，她决定向管理方面发展，不打算将自己局限在做一名咖啡技师上，她毅然放弃了咖啡店诱人的薪资待遇，开始了漫漫的求学之路。功夫不负有心人，第二年，小雨顺利考取了北京某旅游学院的酒店管理专业。

讨论：

1．在实习初期，小雨是如何规划自己的职业生涯的？

2．在实习过程中，小雨是如何调整自己的职业生涯规划的？

# 职业人格素养

## 一、职业人格素养的内涵

人格是由需要、动机、能力、气质和性格组成的，是多种心理因素在具体个体上整合并表现出来的个人的整体特征。职业人格素养是指在职场中表现出的一系列个人品质和能力，它们对于一个人的职业发展至关重要。一些关键的职业人格素养包括以下内容。

（1）沟通能力：包括清晰表达、倾听他人、协调合作和解决冲突等口头和书面沟通技巧。

（2）团队合作能力：能够有效地与同事协作，共同完成工作任务，培养团队精神。

（3）职业道德：遵守职业伦理和道德规范，保守商业机密，诚实守信。

（4）自我管理能力：管理时间、任务和压力，制定目标并持之以恒地追求目标。

（5）解决问题能力：分析问题，制定解决方案，善于应对挑战和紧急情况。

（6）创新思维：提出新点子和创意，不断改进工作方法和流程。

（7）决策能力：能够考虑各种因素，权衡利弊，做出明智的决策。

（8）适应能力：能够适应快速变化的工作环境，具备灵活性和适应性。

（9）职业形象：维护良好的外表和仪表仪态，表现出尊重和专业。

（10）跨文化意识：在国际化的工作环境中尊重和理解不同文化背景的人员。

（11）数字素养：掌握数字工具和技术，能够有效地使用计算机、互联网和数字资源。

（12）领导力：在适当的时候能够展现领导和管理团队的能力。

这些职业人格素养在职场中非常重要，可以帮助个人建立良好的工作关系，提高工作效率，实现个人和组织的共同发展。同时，它们也是衡量一个人是否具备职业发展潜力的重要标准。

### 知识链接

#### "气质类型"与职业选择

古希腊医生希波克拉底最早提出气质的概念，并把人的气质分为四种类型：胆汁质、黏液质、抑郁质和多血质。这些气质类型与人的职业选择有一定关联，因为不同的气质类型会产生不同的个人职业倾向和表现。

1. 胆汁质：胆汁质的人通常具有积极进取、决断力强、乐观、自信的特点。他们善于表达自己的意见，富有领导才能，经常是决策者和领导者。胆汁质的人适合从事需要迅速决策和较强领导能力的职业，如企业管理者、销售人员、律师等。但是，他们也容易情绪波动，易怒，过于自信，有时会显得傲慢和自大，需要注意控制情绪。

2. 黏液质：黏液质的人通常性格温和、善良、感性、注重细节。他们通常是团队中的协调者和调解者，具有良好的人际关系和沟通能力。黏液质的人适合从事需要耐心、细致和协调能力的职业，如护士、社会工作者、心理咨询师等。但是，他们有时也显得优柔寡断，需要增强决策能力。

3. 抑郁质：抑郁质的人通常具有冷静、理性、有条理、坚定的特点。他们善于分析和解决问题，有很强的判断力和决策能力。抑郁质的人适合从事需要高度理性、逻辑和分析能力的职业，如科学家、会计师、工程师等。但是，他们也容易变得过于严肃和挑剔，有时会显得冷漠和孤僻，需要注重情感表达和交流。

4. 多血质：多血质的人通常具有充满活力、热情、社交能力强、创造力强的特点。他们善于与人交往，具有很强的社交能力，通常是活跃的和有创意的人。多血质的人适合从事需要创造力和社交能力的职业，如艺术家、演员、广告人员等。但是，他们也容易变得过于冲动和不稳定，有时会显得不够实际和缺乏耐心，需要增强自我控制能力。

需要注意的是，气质类型只是一种分类方式，人的性格和职业选择还受到其他因素的影响，如个人兴趣、能力、教育背景等。因此，在选择职业时，应该综合考虑自己的气质类型和其他因素，选择适合自己的职业方向。

## 二、职业人格素养的特性

（1）职业性：这主要体现在个体在职业生涯中所展现出的专业性和敬业精神，主要包括对职业的热爱、对职责的忠诚，以及在工作中表现出的专业知识和技能。

（2）稳定性：从业人员在长期的工作中会表现出一定的持续性和可靠性，这是职业素养的一个重要特征。这种稳定性来自从业人员对自己职业的深入理解和长期实践，以及对自己职责的坚守。

（3）内在性：职业素养是个人内在的品质和价值观的体现，这些内在因素会影响个体的外在行为。从业人员通过长期的职业活动，会形成自己的职业信念和职业道德，这些信念和道德会指导他们的行为。

（4）整体性：职业素养涵盖了知识、技能、态度等多个方面，这些方面共同构成了一个整体。一名从业人员的职业素养不仅仅体现在他的专业知识和技能上，还包括他的职业道德、职业态度等方面。

（5）发展性：职业素养并不是静止不变的，而是随着个人成长和行业发展不断发展的。从业人员需要不断学习和提升自己的知识和技能，以适应不断变化的工作环境。

总的来说，职业人格素养的特性是一个多维度、动态的概念，它涵盖了从业人员在职业生涯中所需的各种品质和能力。这些特性共同构成了从业人员的基本素质，也是他们在工作中取得成功的关键。

## 学习单元一

# 职业兴趣与职业情感

### 学习目标

1. 理解职业兴趣与职业情感的内涵。
2. 明确职业兴趣与职业情感特性是人们在职业选择和职业发展中的重要因素。
3. 掌握培养、激发职业兴趣和职业情感的措施。

## 一、职业兴趣与职业情感的内涵

职业兴趣与职业情感是职业人格素养中的重要组成部分，它们对于一个人的职业发展和工作表现具有深远的影响。

职业兴趣是个体对某种职业或行业的喜好和倾向。它源于个人的价值观、性格特点和成长经历。职业兴趣对于一个人的职业选择和发展方向具有决定性的作用。当一个人的职业兴趣与他的工作相匹配时，他会感到满足和充实，更有可能在工作中发挥出自己的潜力。

职业情感则是个体对于职业的热爱和投入。它涉及一个人对工作的热情、责任感和归属感。职业情感能够激发一个人的工作动力，使他在面对困难和挑战时能够保持坚韧不拔的精神。同时，职业情感还能够增强一个人的团队合作精神，使他更加愿意为团队和组织的成功贡献自己的力量。

## 二、职业兴趣与职业情感特性及其关系

职业兴趣与职业情感特性是人们在职业选择和职业发展中的重要因素。职业兴趣是指人们对某种职业活动具有的比较稳定而持久的心理倾向，它使个人对某种职业给予优先的注意，并具有向往的情感。职业情感特性则是指人们在从事某种职业活动时所表现出来的情感特点，如热爱、专注、满足等。

职业兴趣与职业情感特性密切相关，一个人的职业兴趣往往会影响他的职业情感特性。例如，一个喜欢艺术的人可能会选择从事与艺术相关的职业，并在工作中表现出对艺术的热爱和专注。相反，如果一个人对某个职业没有兴趣，他可能会在工作中感到厌倦和不满足，缺乏工作热情和动力。

职业兴趣与职业情感特性的重要性在于它们对职业选择和职业发展有着深远的影响。首先，职业兴趣是人们选择职业的重要因素之一。如果一个人对某个职业感兴趣，他可能会更愿意投入时间和精力去学习和提升自己的能力，从而在该职业中取得更好的成就。其次，职业情感特性也会影响一个人的工作表现和职业发展。一个热爱自己工作的人可能会更加专注和投入，取得更好的工作成果，进而获得更好的职业发展机会。

因此，在选择职业时，了解自己的职业兴趣和职业情感特性非常重要。通过了解自己的优势和喜好来选择适合自己的职业，并在工作中不断培养和发展自己的职业情感特性，这样做可以帮助人们更好地实现自己的职业目标。同时，企业和组织也应该重视员工的职业兴趣和情感特性，为员工提供适合他们的工作环境和职业发展机会，从而激发员工的工作热情和创造力，实现企业和员工的共同发展。

## 三、培养、激发职业兴趣和职业情感的方式

（1）自我探索：通过了解自己的价值观、性格特点和兴趣爱好，找到适合自己的职业方向。这可以通过心理测试、职业咨询、实习等方式来实现。

（2）积极实践：通过参与实际工作或项目，了解不同职业的特点和要求，从而培养对职业的兴趣和热爱。

（3）持续学习：不断提升自己的专业技能和知识水平，增强对职业的自信心和归属感。

（4）寻求支持：与家人、朋友和同事分享自己的职业兴趣和情感，寻求他们的支持和鼓励。同时，也可以从导师或职业顾问那里获取指导和建议。

总之，职业兴趣和职业情感是职业人格素养的重要组成部分。通过自我探索、积极实践、持续学习和寻求支持等方式，个人可以培养和激发自己的职业兴趣和职业情感，为未来的职业发展奠定坚实的基础。

### 知识链接

职业兴趣代号与其相对应的职业如下。

1. R（实际型）：木匠、农民、操作 X 射线的技师、工程师、飞机机械师、鱼类和野生动物专家、自动化技师、机械工（车工、钳工等）、电工、无线电报务员、火车司机、长途公共汽车司机、机械制图员、机器修理师、电器师等。

2. I（调查型）：气象学者、生物学者、天文学家、药剂师、动物学者、化学家、科学报刊编辑、地质学者、植物学者、物理学者、数学家、实验员、科研人员、科技作者等。

3. A（艺术型）：室内装饰专家、图书管理专家、摄影师、音乐教师、作家、演员、记者、诗人、作曲家、编剧、雕刻家、漫画家等。

4. S（社会型）：社会学者、导游、福利机构工作者、咨询人员、社会工作者、社会科学教师、学校领导、精神病院工作者、公共保健护士等。

5. E（事业型）：推销员、进货员、商品批发员、旅馆经理、饭店经理、广告宣传员、调度员、律师、政治家、零售商等。

6. C（常规型）：记账员、会计、银行出纳、法庭速记员、成本估算员、税务员、核算员、打字员、办公室职员、计算机操作员、秘书等。

请注意，这只是一份大致的职业对照材料，具体的职业选择还需要考虑个人的兴趣、能力和市场需求等因素。同时，不同的职业也可能需要不同的技能组合，因此在选择职业时，需要全面考虑自己的兴趣和能力是否与职业要求相符。

## 探究活动

### 案例分析

#### 2022年世界技能大赛特别赛金牌获得者吴鸿宇的先进事迹

"感谢生长在国家重视技能人才培养的好时代，感谢将我培养成才的学校！"2022年10月17日，吴鸿宇在朋友圈写下这句话，他激动得彻夜未眠。当天凌晨，他挥舞着国旗，站上了2022年世界技能大赛特别赛数控车项目的金牌领奖台。

**始于兴趣：是家里的"万能小能手"**

从小学开始，吴鸿宇的动手天赋就逐渐显露出来。到了初中，他已经可以独立修复电线损毁的电风扇，成了家里的"万能小能手"。

不满足于简单的拆卸安装，初中毕业后，在父母的支持下，他走上了属于他的技能成才之路。当时，吴鸿宇选择了广东省机械技师学院模具设计与制造专业。因对数控车的热爱，他另外报读了两年预备技师数据加工班。

在学校训练基地，吴鸿宇看到了不少省赛、世赛选手的训练过程，加入集训队的愿望在他心中萌芽。

在校期间，他不断参加省内、国内有关数控车项目的各项竞赛，最终通过第46届世界技能大赛数控车项目国家集训队的考核选拔，成为2022年世界技能大赛特别赛中国队选手。

**肯下功夫："比别人花更多时间，有更多想法"**

数控车项目对选手的综合素质要求非常高。不仅要有动手能力、计算能力，还要有超强的记忆力。

批量件、组合件、单件三个模块的切削加工考核，要求选手必须对照图纸上的式样，仔细斟酌每一个细节，识记各种复杂的机械参数与工艺流程，然后建模编程，操作机器。

"对应不同的材料，我们需要准备不同的刀力和刀具去切削。"在比赛上，吴鸿宇加工出了以毫米为计量单位的工件，力求做到跟图纸的要求分毫不差。最终吴鸿宇以 8 分的优势拉开了与其他选手的差距，获得金牌。

赛场上近乎完美的表现背后是将近 7 年的艰苦训练。"我比别人花了更多时间，有了更多想法。国赛的一个选手起码要达到 10 000 个小时的训练量，如果要达到世赛的标准，起码要有 15 000 个小时的训练量。"

**学无止境："我想一辈子都在数控车这一行学习探索"**

对吴鸿宇来说，冠军的荣誉是成就，也是影响后来者的榜样力量。攀上高峰，仍不忘初心。吴鸿宇把近几年所学的知识分享给师弟师妹们，鼓励他们继续走技能成才之路。

"技术是学无止境的，每个阶段都能得到提升。锚定方向后，我想沉下心去，坚持久一点。如果可以的话，我想一辈子都在数控车这一行学习探索。"吴鸿宇说。

认真阅读吴鸿宇的案例，谈谈吴鸿宇的事迹给你的启示。

## 学习单元二
# 职业性格与职业道德

### 学习目标

1. 理解职业性格与职业道德的内涵。
2. 了解职业性格与职业道德的关系。
3. 掌握培养良好职业性格和职业道德的方法。

## 一、职业性格与职业道德的内涵

### （一）职业性格的内涵

性格是人格的核心，是人在现实的稳定的态度和习惯化的行为方式中表现出来的个性心理特征，是一种与社会相关的最密切的人格特征。职业性格是指个体在职业活动中所表现出的稳定的态度和行为方式，是个体在职业环境中长期形成的习惯化的行为模式。不同的职业需要不同的性格特质，而一个人的职业性格往往决定了其在某个职业领域的成功程度。

## 常见的职业性格类型及其特点

（1）严谨型：注重细节的精确性，愿意在工作的各个环节中按照一套规则、步骤，将工作做得尽善尽美。工作严格、努力、自觉、认真，保质保量，注重细节。这类人通常在工作中表现出高度的责任感和可靠性，适合从事需要精确性和细致工作的职业，如会计、审计等。

（2）变化型：能够在新的或变化较大的工作情境中获得快乐，喜欢工作内容经常有些变化，在有压力的情况下也能工作得很出色，追求并且能够快速适应多样化的工作环境。这类人喜欢追求多样化的活动，善于适应新环境和挑战。他们通常具有很强的创造力和创新能力，适合从事需要不断创新和探索的职业，如记者、营销人员等。

（3）重复型：适合连续不断地从事同一种工作，喜欢按照一个固定的模式或别人安排好的计划工作，爱好重复的、有规则的、有标准的职业。这类人喜欢从事重复性的工作，能够坚持执行计划，并严格按照规则和标准完成任务。他们通常在工作中表现出高度的耐心和细心，适合从事需要重复执行相同任务的职业，如生产线工人、行政助理等。

（4）协作型：在与人协同工作时感到愉快，善于引导别人按客观规律办事。这类人喜欢与人合作，善于沟通和协调。他们通常具有很强的团队精神和协作能力，适合从事需要团队合作和协调的职业，如社会工作者、咨询人员等。

（5）劝服型：乐于设法使别人同意自己的观点，并能够通过交谈或书面文字达到自己的目的。这类人具有很强的说服力和影响力，能够影响和改变他人的态度和观点。他们通常适合从事需要说服和影响他人的职业，如行政人员、公关人员等。

（6）机智型：在紧张、危险的情况下能很好地执行任务，在意外的情况下，能够自我控制、镇定自若，工作出色。这类人在出差错时不会惊慌，应变能力强，如商务谈判人员、应急处置人员等。

（7）服从型：可以严格按别人的指示办事。这类人不愿自己独立做出决策，而喜欢让他人对自己的工作负责，如办公室职员、秘书、翻译等。

（8）独立型：喜欢计划自己的活动并指导别人的活动。这类人会从独立的、负有责任的工作中获得快感，喜欢对将要发生的事情做出决定，如律师、管理人员。

了解自己的职业性格类型可以帮助个体更好地选择适合自己的职业方向和发展路径。同时，企业也可以根据员工的职业性格类型来合理安排工作岗位，以提高工作效率和绩效。

## 职业性格测试

问题：这里有一对男女正在交谈着，女孩儿正在微笑，那么在你眼中这位男士对这个女孩儿说了什么？

A：你真是面面俱到而且很聪明。

B：你真是活泼大方。

C：你的品位真好，你总是打扮得漂漂亮亮。

D：你真温柔。

选好了请看下面分析：

A：你真是面面俱到而且很聪明。

　　——热情、感动型

你是一个能明明白白地表示自己好恶的人，因你从不忌讳谈论自己的情感，所以在别人眼中你是一个很热情的人。你对于自己渴望的事物会积极努力地争取，越难达成越想去完成，不喜欢因循老套的生活方式，若从事自营事业或自由职业，定能如鱼得水般快乐。

B：你真是活泼大方。

　　——谨慎、安全型

你是一个平时常有不切实际的发言的人，可是当事情发生须做决定时，却又表现得相当保守。但是你会努力完成别人交代的任务，在公司及家中很受长辈喜爱，绝不会为了自己的意见去反抗长辈。

C：你的品位真好，你总是打扮得漂漂亮亮。

　　——反抗、叛逆型

当你被人指使去做事时，绝不会好好去完成。你非常讨厌一般大众化，在创造上非常有才华，对于自己认为对的事，决不轻易放弃，会战斗到底。

D：你真温柔呀。

　　——合理、知性型

你可能会被朋友认为是一个非常冷酷、无情的人，因为你对任何事都很少有反应过度的表现，如大哭大叫。因为当你遇到事情时，通常你会从各种角度去分析、整理，再做决定，也不会被感情左右判断，很适合从事教师或司法行政等相关工作。

### （二）职业道德的内涵

职业道德是道德的重要组成部分，职业道德的内涵可以从广义和狭义两个角度来理解。

广义上，职业道德是指从业人员在职业活动中应该遵循的行为准则，它涵盖了从业人员与服务对象、职业与职工、职业与职业之间的关系。这些行为准则不仅涉及从业人员个人的行为，还包括他们与职业相关的各种关系。

狭义上，职业道德是指在一定职业活动中应遵循的、体现一定职业特征的、调整一定职业关系的职业行为准则和规范。这些准则和规范是在长期的职业实践中形成的，它们体现了各种职业的特殊要求，以帮助从业人员正确处理职业活动中的各种关系和问题。

## 知识链接

### 职业道德规范

中共中央在《公民道德建设实施纲要》中强调的职业道德规范包括爱岗敬业、诚实守信、办事公道、服务群众和奉献社会。这些规范是从业人员在职业活动中应遵循的基本道德准则。

爱岗敬业是指从业人员应热爱自己的职业，对工作充满热情和责任心，尽心尽力地完成工作任务。这不仅是对自己职业的一种尊重，也是对社会的一种贡献。

诚实守信要求从业人员在职业活动中保持诚实、守信的态度，不撒谎、不欺骗，做到言行一致，以诚信赢得他人的信任和尊重。

办事公道强调从业人员在处理事务时应公正、公平，不偏袒任何一方，按照法律法规和职业道德规范处理事务，确保公平正义。

服务群众要求从业人员始终将群众的利益放在首位，积极为群众提供优质的服务，满足他们的需求，为他们排忧解难。

奉献社会是职业道德的最高境界，要求从业人员不仅关注个人利益，更要将社会利益放在首位，为社会做出积极贡献，实现个人价值与社会价值的统一。

这些职业道德规范为从业人员提供了明确的道德指引，有助于提升整个社会的道德水平，促进社会的和谐与发展。

## 二、职业性格与职业道德的关系

（1）性格影响着职业发展的长远程度，而各种职业的社会责任、工作性质、工作内容、工作方式、服务对象和服务手段的不同，决定了其对从业者性格的不同要求。

（2）职业性格与职业道德是职业人格素养的重要组成部分，它们对于一个人的职业发展和工作表现具有深远的影响。

首先，职业性格对职业道德的形成和践行具有重要影响。个体的职业性格决定了其在工作中的态度、行为方式和价值观念，从而影响其对职业道德的理解和遵守。例如，一个诚实守信、责任心强的人，在工作中更容易遵守职业道德规范，保持高度的职业操守。相反，一个缺乏责任心、自私自利的人，可能更容易违背职业道德，损害职业形象和公众利益。

其次，职业道德也会对职业性格的塑造产生反作用。职业道德规范不仅是对从业人员行为的约束，同时也是对从业人员品质的引导和教育。从业人员在遵守职业道德的过程中，会逐渐形成符合职业要求的性格特征，如奉献精神、敬业精神、团队协作精神、服务意识等。这些性格特征将进一步促进从业人员更好地履行职业道德，形成良好的职业风尚。

最后，职业性格和职业道德的共同作用，有助于提升职业形象和职业声誉。一个具备良好职业性格和职业道德的从业人员，能够在工作中展现出高度的专业素养和职业操守，赢得公众的信任和尊重。这不仅有助于提升个人职业发展水平，也有助于提升整个职业群体的形象和声誉。

综上所述，职业性格与职业道德之间存在密切的关系，二者相互影响、相互促进。要培养良好的职业道德，就需要注重个体职业性格的塑造和提升；同时，通过遵循职业道德规范，个体的职业性格也会得到进一步锤炼和完善。在职业活动中，应该注重培养符合职业要求的性格特征，同时严格遵守职业道德规范，共同推动职业发展和职业形象的提升。

## 三、培养良好职业性格和职业道德的方法

### （一）培养良好职业性格的方法

自我评估：先剖析自己的性格特点和优势，以及在工作中可能遇到的挑战。通过自我评估，可以确定需要改进的地方，并制订相应的计划。

设定目标：明确自己在职业生涯中想要达到的目标。这有助于保持动力，并在面临困难时保持坚定。

学习和发展：通过不断学习新技能、新知识和积累经验，提高自己的职业能力和专业素养。同时，参加培训班、研讨会等活动，拓宽视野，增强适应能力。

寻求反馈：向同事、领导或导师寻求反馈，明确自己的表现和改进方向。对于他人的建议，要保持开放和接纳的态度，以便不断完善自己。

建立良好的人际关系：与同事、客户和合作伙伴建立积极、健康的人际关系。通过有效沟通和协作，提高团队效率，同时培养自己的团队合作和领导能力。

### （二）培养良好职业道德的方法

了解职业道德规范：熟悉所在行业或领域的职业道德规范，明确职业道德要求和标准。这有助于指导自己的行为，并避免违反职业道德。

爱岗敬业：是职业道德的基础，是社会主义职业道德所倡导的首要规范。爱岗就是热爱自己的本职工作，忠于职守，对本职工作尽心尽力；敬业是爱岗的升华，就是以恭敬严肃的态度对待自己的职业，对本职工作一丝不苟。

保持诚信：诚实就是实事求是地待人做事，不弄虚作假。守信要求讲求信誉，重信誉、

信守诺言。在工作中要始终坚持诚信原则，诚实、公正地处理事务，不参与任何欺诈、虚假行为。同时，要勇于承担责任，不推卸责任或逃避问题。

尊重他人：尊重同事、客户和合作伙伴的权益和尊严。避免歧视、骚扰或侵犯他人权益的行为。在工作中积极倾听他人的意见和建议，建立良好的沟通氛围。

遵守法律法规：严格遵守国家法律法规和行业规定。不从事任何违法、违规或损害公共利益的行为。同时，积极宣传法律法规和行业规定，提高整个行业的道德水平。

持续自我监督：对自己的行为保持持续的自我监督。在面临道德困境时，要冷静思考、权衡利弊，并做出正确的道德决策。同时，要勇于反思和纠正自己的错误行为，不断完善自己的职业道德。

办事公道：从业人员要公平公正地处理问题，按照同一标准和同一原则办事。

服务群众：听取群众意见，了解群众需要，为群众着想，端正服务态度，改进服务措施，提高服务质量。

奉献社会：是社会主义职业道德的最高境界和最终目的。奉献社会是职业道德的出发点和归宿。

通过有效的方法，可以培养良好的职业性格和职业道德，提高自己的职业素养和综合能力，为职业生涯的成功打下坚实的基础。

职业道德涉及每名从业人员对待职业、对待工作的态度，同时也是一名从业人员的生活态度、价值观念的表现；是一个人的道德意识、道德行为发展的成熟阶段，具有较强的稳定性和连续性。了解职业道德规范，熟悉所在行业或领域的职业道德规范，明确职业道德要求和标准，有助于自己的职业发展，增强自己对职业和岗位的责任心和使命感，使自己保持敬业、勤业、乐业的精神。

## 学习单元三
# 职业诚信与敬业精神

## 学习目标

1. 理解职业诚信与敬业精神的内涵。
2. 了解职业诚信与敬业精神的特性。
3. 掌握培养职业诚信与敬业精神的方法。

## 一、职业诚信与敬业精神的内涵

### （一）职业诚信的内涵

职业诚信是一种在工作环境中展现的守信用的道德规范。它涉及个体对工作职责的恪守，以及对他人的公正和诚实。职业诚信建立在尊重他人权益的基础之上，通过透明度和真实性来建立持久的工作关系。这种诚信不仅关乎个体或公司，也关乎整个社会的发展。

职业诚信的重要内容：履行承诺、公正和诚实、尊重他人、透明度和公开性、承担责任。

履行承诺：职业诚信要求个人或组织在工作环境中履行承诺，不轻易违背自己的诺言。这有助于建立信任和良好的工作关系。

公正和诚实：在处理工作事务时，职业诚信要求公正和诚实。这意味着不偏袒任何一方，不隐瞒重要信息，而是以公正的态度和真实的数据来做出决策。

尊重他人：职业诚信要求尊重他人的权益和感受。这意味着在与他人合作时，要尊重他人的意见和建议，不损害他人的权益，以建立和谐的工作氛围。

透明度和公开性：职业诚信要求在工作环境中保持透明度和公开性。这意味着要公开相关信息和数据，让所有人都了解工作进展和结果，避免产生误解和猜疑。

承担责任：职业诚信要求个人或组织在工作中承担责任。当出现问题或错误时，要勇于承认并承担责任，不推卸责任或逃避问题。

总之，职业诚信是一种重要的职业道德准则，对于个人和组织的发展都至关重要。只有建立职业诚信，才能赢得他人的信任和尊重，建立持久的工作关系，并推动整个社会的发展。

### （二）敬业精神的内涵

党的十八大报告提出"倡导富强、民主、文明、和谐，倡导自由、平等、公正、法治，倡导爱国、敬业、诚信、友善，积极培育和践行社会主义核心价值观"，首次将"敬业"作为对公民层次的要求，兼具生命力、感召力与凝聚力，成为国家积极倡导、全体国民共同培育、努力践行的集体意念和国家意志。在党的十八大报告所倡导的社会主义核心价值观中，敬业是针对公民职业道德方面的核心要求。

在当代，中华民族要实现伟大复兴的梦想，同样需要艰苦奋斗，需要勤奋敬业，需要拼搏奉献。敬业，就是要求每个人敬重自己的职业，培育强烈的责任心与使命感，要求每个人都爱岗、尽责、专注、钻研和奉献。用最简单的话来说，就是眼光要长远，工作要勤奋，勤奋要持续。

敬业精神主要体现在以下几个方面。

责任心：敬业的人对自己的工作有高度的责任感，他们明白自己的工作对团队和组织的重要性，因此会尽心尽力地完成每一项任务。

专注力：敬业的人在工作中能够保持高度的专注力，不被外界干扰所影响，全神贯注地投入到工作中，以确保工作的质量和效率。

精益求精：敬业的人不满足于平庸，他们会不断地学习、探索和创新，以提高自己的技能和知识，追求卓越的工作成果。

团队合作：敬业的人懂得团队合作的重要性，他们愿意与同事协作，共同解决问题，为团队的成功贡献自己的力量。

## 二、职业诚信与敬业精神的特性

### （一）职业诚信的特性

通识性：职业诚信是普遍适用的道德准则，无论在哪个行业、哪个职位，都需要遵循诚信原则。

智慧性：职业诚信是一种智慧，它能够帮助人们在职场中建立良好的人际关系，提高个人的声誉和信誉，从而更好地实现个人价值。

止损性：职业诚信能够避免职场中的欺诈、虚假等行为，减少该行为带来的损失和风险。

资质性：职业诚信是职业道德的基本要求，是评价一个人职业素质和职业能力的重要指标之一。

这些特性使得职业诚信在职场中具有重要的地位和作用。了解职业诚信的特性，不仅能够帮助个人在职场中取得成功，还能够促进整个行业的健康发展。

### （二）敬业精神的特性

专业素养：具备扎实的专业知识和技能，不断学习和提升自己的能力，并将其应用于工作中。这是对职业的基本尊重，也是敬业精神的基础。

责任心：对工作充满责任心，认真对待每一个任务，始终保持高标准和高质量的工作态度。具有责任心的人会把工作看作一种价值的体现，而不仅仅是谋生的手段。

主动性：积极主动地投身于工作中，主动寻求机会和挑战，自觉承担起自己的角色和责任。主动的人不满足于完成本职工作，而是会主动去寻找和解决问题。

团队合作：善于与他人合作，在团队中分享经验、汇集各方智慧，共同追求目标并取得成果。具有团队合作精神的人懂得团队的力量，明白只有协同合作才能实现更大的价值。

创新精神：勇于思考和尝试新的方法和创意，不畏失败，持续推动工作的改进和创新。在快速变化的世界中，创新精神是保持竞争力的关键。

坚持与奉献：对工作充满热情和毅力，面对挫折时能坚持不懈，为实现个人和团队的目标做出不懈努力。具有坚持与奉献精神的人深知成功的背后是无数次的失败和坚持，因此不会轻易放弃。

综上所述，敬业精神是一种积极向上的态度和价值观，对于个人的职业发展和组织的持续发展都具有重要意义。它不仅仅是对工作认真负责，更是一种追求卓越、不断进步的精神状态。

## 三、培养职业诚信与敬业精神的方法

### （一）培养职业诚信的方法

职业诚信培养是一个涵盖多个方面的过程，主要涉及专业能力、职业道德、人际关系和个人隐私与诚信等方面。

（1）提升专业能力：保持对行业动态、最新技术和专业知识的关注，通过不断学习和实践，提高自己的专业技能和工作表现。努力提供高质量的工作成果，赢得他人的信任和尊重。

（2）塑造职业道德：了解并严格遵守职业道德规范，不产生任何违反职业道德的行为。在工作中保持诚实、透明，遵守承诺，即使面临困难，也要坚持诚实守信的品质。

（3）建立良好的人际关系：与同事、上级和下级保持良好的沟通与合作，积极参与团队活动，增强团队凝聚力和信任度。当与他人出现分歧时，以积极的态度寻求解决方案，化解矛盾。

（4）保护个人隐私与诚信：确保个人信息和资料的真实性，避免泄露机密信息或做出不实陈述。谨慎处理与同事、客户和供应商之间的关系，避免任何可能损害职业信誉的不当行为。

（5）培养诚信意识：发掘内心诚信的情感，将诚信意识落实到日常行为中。通过自我评价、自我反思和自我提升，不断增强诚信意识，做到言行一致、知行统一。

（6）发挥教师诚信典范的作用：在教育领域，教师应该成为诚信的典范。他们应该以身作则，通过自己的行为向学生展示诚信的重要性，从而培养学生的诚信意识。

### （二）培养敬业精神的方法

（1）树立正确的职业观念：认识到工作的重要性，明确自己的职业目标和责任，树立正确的职业观念。

（2）不断学习和提高：通过不断学习和提高自己的技能和知识，增强自己的竞争力，为工作创造更多的价值。

（3）积极参与团队合作：积极参与团队合作，与同事建立良好的关系，共同解决问题，为团队的成功贡献自己的力量。

（4）保持积极的心态：面对工作中的挑战和困难，保持积极的心态，寻找解决问题的方法，不断克服困难，实现自我突破。

总之，敬业精神是一种积极向上的工作态度，它能够激发个人的潜力，推动组织的进步。人们应该时刻保持良好的敬业精神，为工作注入更多的热情和动力。

总之，职业诚信培养是一个长期且持续的过程，需要个人和组织共同努力。通过不断提升专业能力、塑造职业道德、建立良好的人际关系、保护个人隐私与诚信以及培养诚信意识等，可以逐步建立起一个诚信的职业环境，为社会的和谐与发展作出贡献。

## 知识链接

工人数变业则失其功。

——《韩非子·解老》

### 【大意】
工匠屡屡变换职业（因荒废技艺而降低效率）导致徒劳无功。

### 【解读】
战国末期法家代表人物韩非子从多个侧面详细论述了如何对国家、百姓、官吏、劳动者进行管理，从而使整个社会处于有序的状态。虽然他的管理体系是为君主专制而设计的，但其中有些思想对当今不无借鉴意义。"工人数变业则失其功"就是其中一例。韩非子认为，屡次更换职业，不仅有损自己的专业技能，而且会给工作单位乃至国家带来损失，这一观点是工作稳定性原则的体现。

每个人都应该尊重和认同自己的职业，珍惜自己的工作岗位，同时还要对自己的职业前景做好规划。如果只是一山望着一山高，盲目频繁地变换工作，那么自己曾经学到的很多知识和技能都可能白白浪费。这既是对自己、对工作的不负责，也是人生的一种虚度。这句话常用来强调劳动者要具有干一行爱一行的敬业精神。

## 知识拓展

### 经典人物

#### 1. 何文国：守护农民利益的"种子卫士"

何文国是湖北省南漳县"放心种子大厅"的总经理，他已经从事种子经营20余年，并始终坚守诚信原则。他坚持亲自试种每一批种子，确保种子品质达标后才向农民推广，并承诺"假一赔十"。他多年来经营"放心种子"的事迹，镌刻出了诚信印记。

何文国 1987 年从农校毕业，被分配到南漳县种子公司当技术员。1999 年底，何文国即将被提拔，但他却递交了停薪留职申请，打算下海创业，经营种子店。他说："我这人就适合搞技术。"2000 年春，何文国的种子店开业。

2003 年早春，何文国第一批次购进的稻种已经售罄，但第二批次购进的稻种还在路上。没买到稻种的客户在店里急得直打转，何文国的妻子陈盛芬看着客户着急也十分焦心。她忽然想起店里还有 2002 年未卖完的价值 2 万元的陈稻种，于是向客户说明情况，询问客户是否需要购买陈稻种。客户想着陈稻种发芽率虽低，但毕竟也发芽，并且价格是新鲜种子的一半，况且老板如实相告，就买了陈稻种。得知这件事的何文国辗转难眠，第二天一大早，他就赶去收回了卖出去的陈稻种。

2008 年春，何文国的合作伙伴张先生去四川订购稻种，不料厂家发出了以次充好的种子。这批稻种很快售罄，种到了 500 多亩田里，导致稻田减产减收。折算下来，平均每亩减收 300 元。种植户都是老客户，他们不相信自己买到了假种子，纷纷跑来询问。何文国的心一下子掉进了冰窟窿，此时厂家早已人去楼空。何文国勒紧裤腰带，拿出了 15 万元，把赔款送到了种植户手中，这几乎耗尽了他的积蓄。此外，他多次拒绝销售陈稻种，即使客户因紧急需求主动要求低价购买陈稻种，他也坚持回收问题种子，避免农民受损。

20 余年间，300 多万斤良种经他之手，洒向百万亩良田。他的诚信经营不仅赢得了农民信任，还让他创办的"放心种子大厅"被中华人民共和国农业农村部定为全国"种子市场观察点"。他于 2019 年 7 月入选"中国好人榜"，2021 年 12 月被授予第八届湖北省道德模范称号（诚实守信模范）。

他严控种子品质，拒绝以次充好，主动承担赔偿责任，这体现了他的诚信原则；他 20 余年如一日地扎根农业一线，通过试种和技术推广帮助农民增收超亿元，这体现了他的敬业精神。

### 2. 张汉修："当代愚公"的绿色诚信与坚守

山东省淄博市农民张汉修，人称"当代植绿愚公"。他用了 7 年多的时间修复矿坑、改造荒山，凭借"咬定青山不放松"的韧劲，演绎着新时代愚公精神。

2013 年，他承包了家乡的废弃矿山黛青山，立志将其改造成生态果园。他投入 1 500 多万元，带领家人和工人填矿坑、修道路、引水源，还引进了富硒石榴种植技术。在资金紧张的状况下，他也从未拖欠工人工资，承诺"再难也要发工资"。他坚持绿色生产，拒绝使用有害农药，推动发展"企业+农户+基地"模式，带动了周边农民种植有机石榴。此外，他积极参与公益，履行社会责任，如为汶川地震捐款、资助贫困学生等。在他的努力下，700 亩荒山变为"花果山"，他也荣登"中国好人榜"。

张汉修常对自己的子女说："赚钱不是唯一的目的，用自己的努力为家乡人民打开致富之路，为子孙后代留下一片绿水青山，才是我们的追求。只有这样才无愧于家乡的哺育，无愧于家乡人民的厚爱。"

他多年来信守对工人的承诺，坚持有机种植，保障食品安全；他十年来扎根荒山治理，创新农业模式，推动乡村振兴。他生动地诠释了诚信与敬业的精神。

## 探究活动

### 案例分析

罗某在简历中虚构学历与工作经历信息，借此通过某信息技术公司的考核，并于2020年11月入职该公司，试用期为6个月。罗某本人签署的录用条件确认书显示，不符合录用条件的情况包括：向公司提供的材料和信息内容有虚假或有隐瞒的（学历学位证书、工作经历、教育经历、体检证明材料等）。2021年3月，该信息技术公司以罗某不符合试用期录用条件为由，与罗某解除劳动合同。罗某认为，其工作状态良好，符合录用条件，该信息技术公司解除劳动合同的行为属于违法解除，遂申请劳动仲裁。由于罗某对求职过程中的简历造假行为不能作出合理解释，经二审法院查明，罗某在入职时存在学历造假、编造工作经历的事实，因此认定该信息技术公司与罗某解除劳动合同合法。

讨论：罗某缺乏哪些职业素养？

# 职业意识素养

职业意识是指对职业生活中所必须具备的相关的主体观念意识的自觉，体现在对某一特定职业实践应该具备的主体观念意识及对一般职业实践应该具备的主体观念意识的自觉。

职业意识素养是指个体在从事某一职业时所具备的，能够体现其专业精神、职业道德、职业规范及对自身职业角色定位认知清晰的综合素质。职业意识素养是从业者综合素质的体现，它不仅关乎个人的职业成就，也直接影响组织效能和行业健康发展。其具体包含以下几个方面：主体责任意识、质量效益意识、职业法律法规意识、安全责任意识、竞争创业意识、团队合作意识等。通过培养和提升这些素养，个体能够更好地履行职业职责，实现个人价值，同时为社会创造更多价值。

## 学习单元一
# 主体责任意识与质量效益意识

### 学习目标

1. 理解主体责任意识与质量效益意识的内涵。
2. 明确主体责任意识与质量效益意识的重要性。
3. 掌握提升主体责任意识与质量效益意识的基本途径。

## 一、主体责任意识

### （一）主体责任意识的内涵

主体责任意识，是指一个人在生活或工作中对待他人、家庭、组织和社会是否负责，以及负责的程度，是不同社会角色的权利、责任、义务在人脑中的主观映像。

对于一般公民来说，主体责任意识就是个体对所承担的角色的自我意识及自觉程度，即认清自己的社会角色和社会对自己的需求，尽心履行责任和义务。这主要包含两方面的内容：一个人既要对自己的行为后果承担责任，又要对他人和社会负责。

### （二）主体责任意识的重要性

主体责任意识的重要性主要体现在以下几个方面。

工作有效开展的基础：主体责任是确保各项工作，特别是安全生产等工作有效开展的基石。具备主体责任意识，能促使个人和单位认真承担责任，严格落实相关制度，降低事故发生的可能性，确保个人工作顺利开展。

安全与稳定的保障：主体责任意识对于保障员工的人身安全、财产安全以及社会稳定至关重要。它直接关系到生产经济、社会稳定和人民生命财产安全。具备主体责任意识能确保生产经营等工作安全、有效地开展，提高管理效率和工作效益，保障员工安全和社会稳定，促进企业健康、可持续地发展。

个人成长的基石：主体责任是各个主体在处理事务时必须承担的责任，如同大厦的基石，缺失则可能导致整体崩塌。它体现了一个人对自身所承担义务的认知和履行意愿，是个人道德修养的重要组成部分，能促进个人成长，激励个人发挥潜能、克服困难、实现目标。

### （三）主体责任意识对个人的意义

（1）主体责任意识能够激发出个人潜能。在责任内在力量的驱使下，崇高的使命感和归属感常常油然而生，这能让人具有最佳的精神状态，精力旺盛地投入工作中。一个有强烈责任感的人，对待工作必然会尽心尽力、一丝不苟，遇到困难也决不轻言放弃。

（2）主体责任意识能够促进个人进步和成功。一个人有了责任意识，就会对自己负责，对工作负责，愿意主动承担责任。任何工作都意味着责任。职位越高，权力越大，所担负的工作责任就越重。

此外，在现实社会中，主体责任意识强的员工一旦发现安全隐患或突发险情，就会立即采取有效措施，避免重特大安全事故的发生。相反，一个主体责任意识淡漠、缺乏工作责任感的人，不愿意、也不可能全身心地投入工作，非但不能完成基本的工作任务，甚至还有可能给工作单位带来巨大的损失。

### （四）提升主体责任意识的基本途径

对从业人员而言，具备良好的主体责任意识主要体现在以下四个方面：一是认真做好本职工作就是对工作负责的最好体现；二是时刻维护组织的利益和形象；三是严格遵守组织的规章制度；四是能正视工作中的失误，勇于承担责任。

## 二、质量效益意识

### （一）质量效益意识的内涵

质量效益意识是指在追求高质量的同时，注重经济效益的提升，关注投入与产出的比例。具体表现为员工通过对产品质量和生产效益的认识、态度和价值观来指导日常工作行为。

从个人层面来看，具备质量效益意识对提高工作效率、促进个人成长、增强客户满意度等方面具有积极意义。从企业层面来看，质量效益意识对提升品牌形象、降低成本、增强市场竞争力及实现可持续发展具有深远影响。

## （二）质量效益意识的重要性

质量效益意识不仅关乎个人的职业生涯、企业的生存和发展，还影响企业的市场竞争力和经济效益。只有具备质量效益意识，才能保证自己行为的结果有质量。其重要性主要体现在以下几个方面。

（1）提高工作质量：质量效益意识能够帮助个人在工作中更加注重细节，确保工作的准确性和完整性，从而提高工作质量。

（2）增强责任感：具备质量效益意识的人会更加关注自己的工作成果，对工作中的错误和不足有更高的敏感度，从而增强自身的责任感。

（3）提升客户满意度：对于服务行业来说，具备质量效益意识的员工能够更好地理解客户需求，提供优质的服务，从而提升客户满意度。

（4）促进企业竞争力：个人具备质量效益意识有助于提高整个团队或组织的工作效率和质量，从而增强企业的竞争力。

（5）推动持续改进：质量效益意识鼓励个人不断寻求改进和优化，无论是产品还是服务，都能通过持续改进来提高其价值。

（6）树立良好形象：具备质量效益意识的个人在工作中表现出的专业素养和敬业精神，有助于其树立良好的个人形象和职业声誉。

总之，具备质量效益意识对于个人的职业生涯和个人成长具有重要意义，同时也有助于企业和组织的整体发展。

## （三）提升质量效益意识的基本途径

（1）学习和理解质量效益的概念及企业相关标准：了解质量效益的基本概念和重要性，认识到提高产品质量和生产效率对于个人和组织的重要性。

（2）积极参与质量改进活动：积极参与质量改进项目，提出改进建议，参与问题解决和决策制定，为提高产品质量和生产效率作出贡献。

（3）提高自身技能和知识：不断学习和掌握新的技术和知识，提高自己的专业技能和综合素质，以便更好地完成工作任务和提高工作效率。

（4）关注客户需求和满意度：关注客户的需求和满意度，了解客户对产品质量和服务的要求，努力满足客户的需求，提高客户的满意度。

（5）遵守质量标准和规范：遵守相关的质量标准和规范，确保产品的质量和安全，避免因质量问题导致损失和风险。

（6）持续改进和创新：持续改进和创新，不断寻找提高产品质量和生产效率的新方法和新技术，推动组织的发展和进步。

通过以上措施，个人可以不断提升自己的质量效益意识，为组织和个人的发展做出更大的贡献。

综上所述，主体责任意识是关于"做什么"和"为谁做"的问题，而质量效益意识则是关于"如何做好"和"做得有多好"的问题。主体责任意识和质量效益意识在企业发展中相辅相成，共同推动企业朝着高质量、高效益的方向持续健康发展。

## 知识拓展

### 如何生产出品质合格的产品？

**1. 零缺陷原则**

零缺陷原则是一种质量管理理念，强调在产品或服务的整个生命周期中追求无瑕疵、无错误的目标。这一原则是由质量管理专家菲利普·克劳士比于 20 世纪 60 年代提出的，旨在通过采用预防性措施和持续改进来消除缺陷，提升质量和客户满意度。

零缺陷原则对"缺陷"的定义为不符合预先设定的质量标准、客户需求或期望的任何情况。这包括产品功能缺失、性能不佳、外观瑕疵、交付延迟、服务不达标等。

零缺陷原则的核心内容：倡导"第一次就把事情做对"的文化，鼓励员工在每个环节都追求完美，避免因返工、重做或补救带来的额外成本和时间浪费。

实施要点：零缺陷原则主张将工作重心放在预防缺陷的发生上，而非仅仅依赖于后期的检测和修正。这意味着在设计阶段就应充分考虑潜在的质量风险，采用稳健的设计方法；在生产和服务提供过程中，严格执行标准操作程序，确保过程控制的有效性。

实施零缺陷原则需要组织内所有成员的积极参与和承诺。通过培训教育提高员工的质量意识，赋予他们识别和解决问题的能力；建立激励机制，表彰那些持续追求零缺陷表现的个人和团队。

综上所述，零缺陷原则是一种追求卓越质量的文化和管理体系，它要求企业从源头预防缺陷，全员参与质量管理，持续改进过程，与供方协作，以及通过量化手段有效监控和提升质量水平。这一原则的应用有助于减少浪费、降低成本、提升客户满意度，从而增强企业的竞争力和提升市场地位。

**2. 三不原则**

三不原则指的是不接受不合格品、不制造不合格品、不流出不合格品。

三不原则是许多公司的质量方针、质量目标，常高高悬挂在公司的墙壁或柱子上。三不原则的实施意味着人人都要参与，人人都是主角，是认真贯彻全面质量管理的要求和结果。三不原则的实施，导入了"供应商-客户"的市场关系，每个人既是供应商，又是客户，既是产品的使用者，也是制造者、供应者，因此每个人都要牢固树立"下道工序是客户"的观念。要实现三不原则，就要求每个人第一次就把事情做对，以"零缺点"的观念和方式工作。

## 探究活动

### 案例分析

**案例背景：** 一家名为"绿野科技"的环保设备制造公司近期承接了一个政府支持的大型环保项目，旨在为城市污水处理提供一整套高效解决方案。项目时间紧迫，对公司声誉及未来发展具有重大意义。项目团队由研发、生产、销售及售后服务等多个部门的精英组成，王强被任命为项目经理，负责整体协调与管理。

### 案例情节：

（1）初期部署：项目启动之初，王强组织了全体成员会议，明确指出了每个人在项目中的角色与责任，特别强调了主体责任意识对于项目成功的关键作用。他提出建立快速反应机制，鼓励团队成员一旦发现问题立即上报，共同寻找解决方案。

（2）问题浮现：项目推进到中期，生产部在组装核心设备时，发现由供应商提供的部分关键部件存在质量问题，这将直接影响设备的稳定性和使用寿命。然而，负责检验接收的赵磊在初步检查时未能及时发现这一问题，他担心影响项目进度和个人考核，选择暂时隐瞒不报，试图通过内部调整来弥补缺陷。

（3）危机爆发：一个月后，项目即将进入测试验收阶段，设备在内部压力测试中频繁出现问题。经过调查，质量问题浮出水面。此时，赵磊的行为被揭露，这不仅导致项目延期，还可能使公司面临违约赔偿，更严重的是损害了绿野科技在行业内的信誉。

（4）反思与重建：面对危机，公司高层迅速介入，除了紧急联系备用供应商替换问题部件，更重要的是组织全公司范围的主体责任意识与诚信教育活动。王强在内部会议上深刻反思，指出赵磊的行为虽是个例，却暴露了公司文化中对责任与透明度重视不足的问题。公司随后调整了绩效考核标准，强调问题的及时上报与团队协作解决问题的重要性，同时加强了供应链管理，确保每个环节的质量控制。

**讨论：** 请结合案例分析主体责任意识在工作中的重要性。

## 学习单元二
# 职业法律法规意识与安全责任意识

### 学习目标

1. 理解职业法律法规意识与安全责任意识的内涵。
2. 明确职业法律法规意识与安全责任意识培养的重点。

## 一、职业法律法规意识的内涵

职业法律法规意识是指在职业生涯中个体对法律法规的认知、理解和尊重，并将其自觉地融入日常工作中的一种思想观念和行为习惯。具备较强的职业法律法规意识不仅有助于个人遵守法律法规、规避风险，也有利于维护企业和社会的正常秩序。

## 二、职业法律法规意识培养的重点

### （一）法律法规知识学习与更新

持续学习与职业相关的法律法规，如劳动法、合同法、知识产权法、消费者权益保护法等，了解并熟悉行业规范、标准及监管要求。关注法律动态，及时了解新出台的法律法规、司法解释及典型案例，确保对法律环境有准确、及时的认识。

### （二）合规意识

在日常工作中严格遵守国家法律法规，不从事任何违法活动，如欺诈、贿赂、侵犯知识产权、违反竞业禁止义务等。遵守企业内部规章制度，包括员工手册、业务操作流程、职业道德规范等，确保所有行为符合公司合规管理体系的要求。

### （三）风险防范意识

具备识别潜在法律风险的能力，如合同纠纷、劳动争议、数据安全风险、环保责任等，主动评估工作决策和业务操作可能带来的法律后果。积极参与企业风险管理，配合相关部门进行合规审查、风险评估、内部控制等工作，提出合理化建议以降低法律风险。

## （四）证据留存意识

明确知晓证据在法律事务中的重要性，养成保留和整理工作记录、通信记录、交易凭证等重要资料的习惯，确保在必要时能够提供充分、有效的证据支持。熟悉电子证据的保存规则，确保电子文档、邮件、即时通信记录等数字信息的完整性和合法性。

## （五）保密意识

尊重并保守商业秘密、客户隐私、知识产权等敏感信息，不擅自泄露、使用或允许他人获取这些信息。遵守保密协议和竞业限制协议，离职后继续履行保密义务，不利用所掌握的保密信息为个人或第三方谋取利益。

## （六）维权意识

知道如何运用法律手段保护自身合法权益，如遭遇职场歧视、欠薪、不合理解雇等情况时，要懂得寻求法律援助，通过协商、调解、仲裁或诉讼等方式解决问题。了解并积极参与劳动者权益保护机制，如工会组织、劳动监察、劳动争议调解委员会等，倡导公平、公正的职场环境。

## （七）合作与沟通意识

在涉及法律问题的工作中，积极与法务部门、外部法律顾问等专业人士沟通协作，确保决策和行动符合法律规定。在与其他团队、合作伙伴、客户交往时，秉持诚实信用原则，通过书面合同明确各方的权利和义务，避免口头约定导致的法律纠纷。

综上所述，职业法律法规意识是现代职场人士必备的核心素养之一，它要求从业人员具备基本的法律知识，能够在工作中自觉遵守法律、防范风险，并懂得运用法律手段维护自身和企业的合法权益，从而促进职业活动的规范化、法治化。

## 知识拓展

### 劳动合同

劳动合同是指劳动者与用人单位之间确立劳动关系、明确双方权利和义务的协议，依据《中华人民共和国劳动合同法》（以下简称《劳动合同法》）的规定，劳动合同是规范劳动关系的重要法律文件，它确保了劳动者的权益得到保障，并明确了用人单位的责任。

劳动合同通常应包含但不限于以下几个要点。

1. 双方基本信息：用人单位的名称、住所、法定代表人或主要负责人，以及劳动者的姓名、居民身份证号码、住址等。

2. 劳动合同期限：明确劳动合同期限的起止时间，可能是固定期限、无固定期限或以完成一定工作任务为期限。

3. 工作内容与地点：约定劳动者的工作岗位、职责范围及工作地点。

4. 工作时间和休息休假：规定劳动者的工作时间、休息日、法定节假日及带薪休假等内容。

5. 劳动报酬：明确劳动者的工资标准、支付方式、支付时间以及其他福利待遇等。

6. 社会保险和福利：规定用人单位为劳动者缴纳社会保险的种类和比例，以及其他福利待遇安排。

7. 劳动保护、劳动条件和职业危害防护：约定用人单位提供的劳动安全卫生条件，以及为防止发生职业病和工伤事故应采取的措施。

8. 违约责任和争议解决方式：对违反劳动合同的情形及相应的法律责任作出规定，并约定劳动争议的解决途径。

此外，《劳动合同法》还详细规定了劳动合同的订立、履行、变更、解除和终止的各种情形及程序，旨在促进和谐稳定劳动关系的构建和发展。对于未签订书面劳动合同的情况，也有相关法律法规予以处理。例如，超过一定期限未签合同的，用人单位须向劳动者支付双倍工资作为赔偿。

## 探究活动

### 案例分析

某用人单位与劳动者之间签订的劳动合同期限为 2 年，该用人单位与劳动者约定的试用期是 6 个月，试用期内的月工资为 1 000 元，试用期满后的月工资为 1 500 元，如果劳动者在该单位按照合同约定完成了 6 个月的试用期工作，而且用人单位按照合同规定支付了试用期的全部工资。

### 讨论：

1. 用人单位与劳动者约定的试用期期限是否合法？

2. 如果违法，用人单位与劳动者最多可以约定的试用期的期限为多久？

3. 用人单位实际应当承担的成本为多少？

## 三、安全责任意识的内涵

安全责任意识是指个人或组织对保障自身及他人生命财产安全所应承担的责任有深刻认识，并将其转化为自觉遵守安全规章制度、主动预防安全事故、及时妥善应对安全风险的行为态度。

## 四、安全责任意识培养的重点

可以通过以下方式来提升自己的安全责任意识。

（1）学习安全知识。主动了解与工作相关的安全法规、操作规程、应急处理方法等，提高自身的安全知识水平。关注行业内的安全动态，了解最新的安全技术、设备和管理方法。

（2）参与安全活动。积极参加公司组织的安全培训、演练等活动，通过实践加深对安全知识的理解和掌握。参与安全检查和隐患排查工作，发现并报告潜在的安全问题，为改进安全状况做出贡献。

（3）树立安全观念。建立"安全第一"的思想，把安全作为工作的首要任务，不因追求效率而忽视安全。树立"人人都是安全员"的理念，认识到每个人都有维护安全的责任和义务。

（4）养成良好习惯。遵守安全操作规程，严格按照规定进行作业，不冒险、不侥幸。养成良好的个人卫生习惯，如佩戴防护用品、保持工作环境整洁等。

（5）加强沟通协作。与同事、上级保持良好的沟通，及时反馈安全问题，共同解决安全隐患。在团队中发挥榜样作用，带动周围的人一起提高安全意识。

（6）反思总结经验。对于发生的安全事故，要认真反思，从中吸取教训，避免类似事件再次发生。定期总结自己的安全表现，找出不足之处，制定改进措施。

综上所述，培养安全责任意识是一个系统工程，需要通过全方位、多层次的安全管理措施，促使个人与组织从被动接受监管转向主动承担安全责任，形成人人关心安全、人人维护安全的良好局面。

### 探究活动

#### 案例分析

**案例背景：** 光明电子是一家专注于电子产品制造的高新技术企业，以其高质量的产品和良好的市场口碑而著称。然而，在一次大规模的生产线升级过程中，一场本可避免的安全事故，不仅给公司造成了巨大的经济损失，还严重损害了公司的品牌形象，这一切都由于个别员工安全责任意识淡薄。

#### 案例情节：

1．项目背景：随着市场需求的增加，光明电子决定对生产线进行技术改造，以提升产能和效率。项目由工程部主导，涉及新设备安装、旧设备移除及生产线布局优化等多方面的工作。公司为此专门组织了安全培训，强调施工期间的安全规范与个人防护措施，但并未引起所有员工的足够重视。

2．责任意识淡薄：在改造工程紧张进行的一个周末，电工李华接到任务，需对一条即将投入使用的生产线进行最后的电路检查。由于工期紧迫，李华急于完成任务，未按要求穿戴完整的安全装备，也未执行"双人作业"制度，独自一人进入电气控制室操作。在检查过程中，李华不慎触碰到裸露的电线，导致严重的电击事故，不仅本人受伤住院，还引发了局部电路火灾，烧毁了部分新安装的昂贵设备。

3. 后果与反思：事故直接导致生产线改造延期，光明电子不得不承担设备损坏的维修费用约 500 万元人民币，以及因生产中断带来的订单违约赔偿。更为严重的是，该事件被媒体报道后，公司的安全生产形象大受影响，潜在客户对光明电子的信任度下降，进一步影响了后续的业务发展。

**讨论：** 请结合案例分析员工的安全责任意识的重要性，并谈谈企业该如何吸取教训进行改进。

## 学习单元三
# 竞争创业意识与团队合作意识

### 学习目标

1. 理解竞争创业意识与团队合作意识的内涵。
2. 明确竞争创业意识培养的基本途径。
3. 掌握团队合作意识培养的重点。

## 一、竞争创业意识的内涵

### 知识链接

#### 竞争创业意识的定义

竞争创业意识是指在创业过程中，创业者对市场竞争环境的敏锐认知、积极应对和创新求胜的心态与行动。具备这种意识的创业者不仅能理解市场竞争的必然性与残酷性，更能在其中找到自身定位，挖掘竞争优势，持续创新以适应并引领市场变化。

竞争创业意识的具体内涵及表现如下。

### （一）市场洞察力

具备竞争创业意识的创业者能深入理解行业趋势、消费者需求、竞争对手动态等市场信息，通过数据分析、用户调研等方式，精准把握市场脉搏，为创业决策提供依据。

### （二）创新思维

面对激烈的市场竞争，只有创新才能脱颖而出。这包括产品创新、服务创新、模式创新、技术创新等各个层面，要不断寻求差异化竞争优势，满足或创造新的市场需求。

### （三）竞争策略制定

要能够根据自身资源、能力及市场定位，制定针对性的竞争策略。例如，选择蓝海战略避开直接竞争，或采取低成本、聚焦、差异化等策略在红海市场中竞争。

### （四）快速反应与适应能力

竞争创业意识要求创业者对市场变化保持高度敏感，能够迅速调整战略、优化产品或服务，以应对竞争对手的挑战、新兴技术的影响、政策法规的变动等。

### （五）品牌与营销意识

在竞争激烈的市场中，品牌建设与有效营销是提升竞争力的关键。创业者应注重塑造独特的品牌形象，运用多元化的营销手段（如内容营销、社交媒体营销等）提升品牌知名度与影响力，吸引并留住客户。

### （六）合作与联盟意识

在现代商业环境中，单打独斗往往难以应对复杂多变的竞争局面。具有竞争创业意识的创业者懂得借助合作伙伴的力量，通过战略合作、联盟、并购等方式整合资源，扩大市场份额，共同抵御竞争压力。

### （七）持续学习与自我迭代

"逆水行舟，不进则退"，要始终保持对新知识、新技术、新商业模式的学习热情，推动团队和个人能力的持续提升，使企业始终保持创新活力和竞争优势。

总的来说，竞争创业意识是创业者在创业过程中面对市场竞争时展现出的一种主动、积极、创新且富有策略性的思维方式和行为模式。它驱动创业者在挑战中寻找机遇、在竞争中塑造优势，最终实现企业的生存与发展。

## 二、培养竞争创业意识的基本途径

培养竞争创业意识并非一蹴而就，而是需要通过一系列的学习、实践与反思逐步塑造和强化。以下是一些有助于培养竞争创业意识的基本途径。

## （一）理论学习与知识积累

学习创业理论：阅读创业相关的书籍、文章、研究报告，了解创业的基本流程、商业模式设计、市场分析、团队建设等基础知识。

关注行业动态：定期浏览行业资讯、参加线上研讨会、订阅专业期刊，了解行业趋势、新兴技术、成功案例及失败教训，培养市场敏感度。

学习创新理论：深入理解创新的重要性、创新类型、创新过程及方法，如设计思维、蓝海战略等，提升创新思维能力。

## （二）实践经验积累

参与创业实践活动：加入创业社团、孵化器、加速器，参与创业竞赛、创业训练营等活动，通过模拟创业、实地项目操作等方式获取实战经验。

实习或兼职：在初创公司或有创新氛围的大企业实习或兼职，近距离观察和学习创业者的工作方式、决策过程及应对挑战的策略。

创业导师指导：寻找有经验的创业导师或成功企业家进行一对一指导，获取针对性建议，避免走弯路。

## （三）思维训练与创新实践

创新思维训练：参加创新工作坊、创新思维课程，学习并运用诸如头脑风暴、六帽法、SCAMPER（奔驰法）等创新工具，培养创新思维习惯。

小规模创新尝试：在现有工作或学习中寻找创新机会，如改进流程、推出新产品或服务、举办创新活动等，从小处着手积累创新经验。

创业项目探索：对感兴趣的领域进行初步的市场调研、竞品分析、商业模式设计等，构思并完善创业项目，提升创业规划能力。

## （四）风险意识与管理能力培养

学习风险管理理论：了解风险识别、评估、应对、监控等风险管理流程，掌握风险矩阵、情景分析等风险分析工具。

案例分析：研究创业失败案例，剖析失败原因，从中吸取教训，增强风险防范意识。

制定应对策略和应急预案：针对潜在风险，制定应对策略和应急预案，通过模拟演练提升应对风险的能力。

## （五）团队协作与领导力提升

团队项目合作：积极参与团队项目，担任负责人或重要角色，锻炼团队协作、沟通协调、领导指挥等能力。

参加领导力培训：参加领导力工作坊、讲座或课程，学习领导风格、激励机制、团队建设等领导力理论与实践。

反思与反馈：定期进行团队合作反思，收集并听取团队成员的意见和建议，持续改进团队协作效果和领导方式。

### （六）持续学习与适应力培养

终身学习态度：树立终身学习的理念，养成定期阅读、参加在线课程、参加行业论坛等持续学习的习惯。

学习新技能：根据创业所需或个人兴趣学习新技能，如编程、设计、营销、财务等，提升综合能力。

反思与调整：定期反思自己的学习效果，根据市场变化和个人发展需要适时调整学习方向和方法。

通过上述途径的综合运用与长期坚持，个体可以逐步培养起敏锐的市场洞察力、强烈的创新精神、稳健的风险管理能力、高效的执行力、良好的合作与资源整合能力以及持续学习与适应能力，从而形成坚实的竞争创业意识。

## 探究活动

### 案例分析
### 案例一：

大学生创业的最大好处在于能提高自己的能力、增长经验及学以致用；最大的诱人之处是通过成功创业，可以实现自己的理想，证明自己的价值。

王继成在大学期间主修的是电子商务专业，大学毕业后他就一头扎进了农村的田间地头。他和村里的乡亲们一起，在过去低产值的土地上种下了"创业的种子"，一同为实现"致富梦"而奋斗。在大学毕业那年，王继成幸运地成为我国第一批大学生村官中的一员，很快就被分配到了某村工作。该村是一个贫困村，村民们祖祖辈辈靠种地为生。驻村的第一年，王继成在县内四处考察学习、认真求教，并结合县情、镇情、村情，确定了首个创业项目——种植食用菌。经过努力，在县委组织部和镇里的协调下，王继成贷款 10 万元建起了 10 亩食用菌园区。

首批食用菌投入市场后，盈利 3 万元。"许多人觉得一个不会种地的大学生，一下子就能挣这么多钱，自己也开始盘算着想试一试。"第二年，该村扩建了食用菌园区，全村投资将近 100 万元，一年的总产值达到 150 万元。随后，为了带动更多人创业，王继成和当地一家蔬菜种植公司商定，在该公司成立大学生村官创业基地。其间，共筹集了 24.6 万元，承包了 28 个大棚。在第一期服务期满后，王继成又续签了 3 年。王继成又带头发展创业成本更低的中药材种植业，让一些资金短缺、抗风险能力弱的村民也加入创业的队伍。几年来，他不仅从创业中学到了许多知识，还得到了实实在在的收益。

案例二：

许小姐一门心思想做老板。她经过 7 年的努力工作和省吃俭用攒下了一笔资金，其中 10 万元做了注册资金，5 万元作为流动资金。她认为，个人创业必须有丰富的工作经验。所以在过去的工作中，她总是分内分外的事全都抢着干，从不计报酬。尤其是经营方面的事，她更是认真地学习，就是为了多学点本事，为自己开公司做准备。另外，她认为个人创业必须有一个好的项目，因此她选择了一个当时的朝阳项目——房地产租赁咨询。

在办齐所有手续后，她勤勤恳恳努力工作，但她怎么也没想到，最初的 3 个月几乎没有生意，直到第 6 个月才稍有收入，可生意很不稳定，半年来，她赔了 3 万元。她开始动摇了，觉得自己是在靠天吃饭，靠运气吃饭。她认为肯定是自己哪儿弄错了，她要去弄明白问题到底出在哪里。第 7 个月她关掉了公司。

分析：请对比两个案例，谈谈创业成功和失败的原因。

## 三、团队合作意识的内涵

团队合作意识是指在团队工作环境中，个体所具备的深刻认知、积极态度与行为习惯，它强调成员间相互依赖、协同工作，以达成共同目标。团队合作意识的内涵主要体现在以下几个方面。

### （一）共享目标与价值观

共识目标：团队成员对团队的整体目标有清晰的认识，并在行动上保持一致，共同致力于目标的实现。

共享价值观：团队成员对团队的核心价值观有高度认同，如诚实守信、尊重差异、追求卓越等，这为团队合作提供了道德基础。

### （二）沟通与协作

开放沟通：团队成员愿意分享信息、观点和想法，倾听他人的意见，通过有效的沟通消除误解、增进共识。

协作配合：团队成员在工作中互相支持、协助，主动承担任务，充分发挥各自优势，形成高效的工作合力。

### （三）责任与担当

明确职责：团队成员清楚自己的角色定位与职责范围，对自身工作负责，确保任务按时、高质量完成。

主动担责：在遇到困难或问题时，团队成员勇于承担责任，不推诿、不逃避，积极寻求解决方案。

### （四）信任与尊重

建立信任：团队成员之间建立起相互信任的关系，团队成员相信他人有能力完成任务，愿意为团队的成功付出努力。

尊重差异：团队成员尊重彼此的知识、技能、经验、观点等方面的差异，欣赏多样性，鼓励创新思维。

### （五）冲突管理与解决

正视冲突：团队成员能够认识到冲突是团队合作的常态，不回避、不掩盖，而是积极面对并寻求解决方案。

建设性解决：团队成员运用沟通、协商、调解等方法，以建设性的方式处理冲突，化冲突为机遇，促进团队进步。

### （六）持续学习与改进

学习氛围：团队鼓励成员持续学习，提升个人能力，同时也学习团队合作的技巧与方法，提高团队整体效能。

反馈与反思：团队定期进行工作回顾与反思，总结经验教训，提出改进建议，持续优化团队合作模式。

团队合作意识不仅关乎个体在团队中的表现，更是关乎整个团队能否高效运作、达成目标的关键因素。拥有良好团队合作意识的成员，能够在团队中发挥积极作用，推动团队向着共同目标稳步前进。

## 四、培养团队合作意识的重点

（1）共同目标：团队成员共同追求一个明确的、共同的目标或任务，以达到更高效的工作成果。

（2）分工合作：团队成员根据各自的专长和责任，合理分工，协调配合，共同完成任务。

（3）互相依赖：团队成员之间存在相互依赖的关系，彼此合作，相互支持。一个人的工作成果会对其他人产生影响。

（4）清晰的沟通：团队成员之间进行及时、清晰、有效的沟通，以确保大家都能理解任务要求、分工情况和进展。

（5）相互信任：团队成员彼此信任，相信对方会按照约定的任务和时间做好自己的工作。

（6）目标导向：团队的行动和决策都是以达成共同的目标为导向的，遵循团队的价值观和利益。

（7）多元化：团队成员具备不同的技能、经验和背景，能够从不同的角度出发，提供多样化的思路和解决方案。

（8）创造性思维：团队鼓励成员进行创新和思考，提出新的观点和方法，以解决问题并改进工作。

（9）解决冲突能力：团队成员能够有效地处理和解决发生的冲突，以保持团队的和谐和合作。

（10）持续学习：团队成员具备学习的意识和习惯，持续提升自身的知识和技能，以适应快速变化的环境。

### 探究活动

#### 案例分析

#### 保持积极态度，共同解决问题

在一个大型的制造企业中，有一位名叫小王的年轻工程师。他负责一个重要项目的质量控制工作，但他最近遇到了一些问题，导致产品质量下降，客户投诉不断。

小王深知，这些问题严重影响了公司的声誉和客户满意度，必须尽快解决。他决定保持积极态度，与团队成员共同解决问题。

小王与生产、研发、销售等部门的同事进行了深入的沟通和合作。他认真听取他们的意见和建议，并详细说明了问题产生的背景和自己的想法。在沟通过程中，他逐渐明晰了问题的本质，并找到了可行的解决方案。

通过与团队成员的共同努力，小王成功地解决了质量问题，并使产品重新获得了客户的信任。他的积极态度和团队合作意识不仅保证了企业的声誉和客户满意度，也得到了同事的认可和赞赏。

**讨论：**请你结合案例进行分析，小王能成功解决工作中的问题的原因是什么。

# 模块五

## 职业能力素养

学习单元一

# 创造思维与判断能力

## 学习目标

1. 理解创造思维的内涵。
2. 熟悉判断能力的内涵和提升判断能力的途径。
3. 了解协调提升创造思维和判断能力的方法。

## 一、创造思维

### 知识链接

#### "创造思维"文化内涵的语义学分析

创造思维是一种独特的思考方式，它突破了传统的思维模式和框架，通过联想、想象和创新等方式，产生出全新的思维成果。

#### （一）创造思维的内涵

创造思维表现为打破惯常解决问题的程式，重新组合既定的感觉体验，探索规律，并得出新的思维成果。这种思维过程是以感知、记忆、思考、联想、理解等能力为基础，以综合性、探索性和求新性为特征的高级心理活动。它能够帮助人们发现问题、解决问题，并创造出更加高效、便捷、有价值的产品和服务。创造思维的核心是创新和独特性，它需要人们在思考过程中保持开放、灵活和敏感，不断探索新的思路和方法。

#### （二）创造思维的分类

1. 抽象思维与形象思维

抽象思维与形象思维是两种基本的思维方式。抽象思维也称为逻辑思维，它是以概念、判断和推理的形式来反映事物本质属性和内在规律的思维。形象思维则是以直观形象和表象为支柱的思维过程，具有直观性、整体性和创造性等特点。

2. 聚合思维与发散思维

聚合思维也称为集中思维、求同思维或正向思维，它是把问题所提供的各种信息集中起来得出一个正确的或最好的答案的思维。发散思维也称为求异思维、逆向思维或多向思维，它是对一个问题从多角度、多层次、多结构去寻求多种答案的思维过程。

3．横向思维与纵向思维

横向思维是一种打破思维定势，从其他领域的事物、事实中得到启示而产生新设想的思维方式。纵向思维是按照一定的思维路线或思维逻辑，从上到下或从下到上进行的思维过程。

4．顺向思维与逆向思维

顺向思维是按照事物的自然发展过程进行思考，是一种常规的、传统的思维方式。逆向思维则是从相反的方向来考虑问题的思维方式，它常常能够产生新的、独特的想法和解决方案。

此外，还有联想思维、直觉思维、灵感思维等多种创造思维方式。这些思维方式各具特点，可以相互补充和协同作用，帮助人们更好地解决问题和进行创新活动。

### （三）创造思维的培养方法

创造思维的培养是一个长期且复杂的过程，它需要个体在多个方面进行努力和实践。以下是一些培养创造思维的方法。

1．激发好奇心和求知欲

保持对未知领域的好奇心和探索精神，不断学习和积累新知识，为创造力提供源源不断的灵感和动力。可以通过阅读、观察、实践等方式来拓宽自己的知识面和视野。

2．培养多元化思维

尝试从不同的角度和领域思考问题，打破思维定式和惯性思维，拓展自己的思维和视野。为此，可以通过参加跨学科的学习、阅读不同领域的书籍、与不同背景的人交流等方式来培养多元化思维。

3．鼓励尝试和冒险

勇于尝试新的方法，不怕失败和挫折，通过不断尝试和修正来提高自己的创造力和创新能力。同时，也要学会从失败中汲取经验和教训，不断调整和改进自己的思维方式。

4．练习创造性思考技巧

练习创造性思考技巧，如头脑风暴、思维导图、逆向思维等，这些技巧可以帮助人们更好地整理思路、发现问题并提出新的解决方案。为此，可以通过参加专门的训练课程或自学相关书籍来学习和掌握这些技巧。

5．培养创造性人格特质

创造性人格特质包括自信、开放、冒险、好奇、独立等。这些特质有助于个体在面对挑战和困难时保持积极心态和创造力。为此，可以通过自我反思、心理咨询等方式来培养这些特质。

创造思维的培养需要个体在多个方面进行努力和实践。通过激发好奇心和求知欲、培养多元化思维、鼓励尝试和冒险、练习创造性思考技巧及培养创造性人格特质等方法，人们可以逐步提高自己的创造力和创新能力。

## 二、判断能力

### （一）判断能力的内涵

判断能力是指人在思维的基础上，对事物进行分析、辨别、断定的技能和本领。这种能力要求人们对事物做出肯定或否定的明确回答。

衡量判断能力高低的标准是社会实践，即如果人们的判断结果与客观实际相符，那么就是正确的，说明判断能力强；反之，如果判断结果与客观实际相悖，那么就是错误的，说明判断能力弱。

判断能力以人的认识能力为基础，只有人们对事物有准确、全面、深刻的认识，才能做出真正正确的判断。同时，判断能力的强弱与一个人的知识、经验和阅历存在直接关系，将这些因素综合起来，就形成了个人的判断能力。判断能力强的人，在学习和工作中通常会表现出更高的效率。

### （二）提升判断能力的途径

要提升判断能力，可以从以下几个方面入手。

1．增加知识积累

广泛涉猎各个领域的知识，尤其是与判断能力相关的领域，如逻辑学、批判性思维等。知识是判断的基础，只有对事物有足够的了解，才能做出准确的判断。

2．锻炼逻辑思维

学会运用逻辑思维进行分析和推理。逻辑思维有助于人们厘清事物的因果关系、找出问题的本质，从而提高判断的准确性。

3．加强实践经验

通过实践来提升自己的判断能力。实践是检验真理的唯一标准，只有在实践中不断尝试、总结经验教训，才能不断提升自己的判断能力。

4．学会批判性思维

批判性思维是一种对信息进行审视、评估和反思的思维方式。学会批判性思维可以帮助人们避免盲目接受信息，而是从多个角度对信息进行深入思考和分析，从而做出更准确的判断。

5．培养敏锐的观察力

学会观察和分析事物的细节和特征，从而发现事物的本质和规律。敏锐的观察力可以帮助人们捕捉到更多的信息，为判断提供更多的依据。

6．不断反思和总结

对自己的判断进行反思和总结，找出判断错误的原因，不断完善自己的判断方法。通过不断反思和总结，人们可以发现自己的不足和需要改进的地方，从而不断提升自己的判断能力。

为提升判断能力，人们需要在知识、思维、实践等多个方面进行努力。通过不断学习和实践，人们可以逐步提升自己的判断能力，为更好地应对各种挑战和机遇打下坚实的基础。

## 三、如何协调提升创造思维和判断能力

### （一）创造思维和判断能力的关系

创造思维和判断能力是相辅相成的两种重要能力，对于个人的成长和成功具有至关重要的影响。

创造思维和判断能力是相互促进的。一方面，创造思维能够激发人们的想象力和创造力，帮助人们发现新的问题和机会，为提升判断能力提供更多的信息和选择。另一方面，判断能力能够帮助人们评估创造思维的质量和可行性，确保人们的创意和想法能够在实践中得到有效的应用和实现。

要培养创造思维和判断能力，需要采取一些具体的措施。首先，需要保持好奇心和探究精神，不断寻找新的知识和经验，扩展自己的视野和认知。其次，需要锻炼自己的逻辑思维和分析能力，学会从多个角度和层面思考问题，发现问题的本质和规律。此外，还需要在实践中不断尝试和摸索，积累经验和教训，提升自己的判断和决策能力。

创造思维和判断能力是个人成长和成功的关键能力。通过培养这两种能力，人们可以更好地应对复杂多变的挑战和机遇，实现个人的成长和发展。

### （二）协调提升创造思维和判断能力的方法

当人们面临各种问题和挑战时，如何有效地协调创造思维和判断能力，以便做出最佳决策和产生具有创意的解决方案，是每个人都希望掌握的技能。

协调提升创造思维和判断能力的方法如下。

1．基础知识积累

深入理解和掌握相关领域的基础知识是至关重要的。这些基础知识不仅能为提升创造思维提供原材料，也能为提升判断能力提供判断的依据。

2．实践经验积累

实践是检验真理的唯一标准。通过亲身实践，可以更直观地理解理论知识，同时也能够锻炼人们的判断能力和决策能力。

3．多元思维训练

面对问题，人们应该学会从不同的角度和层面进行思考，这样不仅可以激发自身的创造思维，还可以增强自身的判断能力。多元思维训练有助于人们打破思维定势，发现新的可能。

4．逻辑思维培养

逻辑思维是判断能力的核心。通过逻辑推理和证据分析，可以更加准确地确定问题的本质和评估解决方案的可行性。

5．创新思维激发

创新思维是创造思维的重要组成部分。通过尝试新的方法、挑战传统的观念，人们可以激发自身的创新思维，从而产生更加独特和有价值的解决方案。

6．批判性思维强化

批判性思维有助于人们对信息进行筛选和评估，避免被错误信息误导。强化批判性思维，可以提高人们的判断能力，确保人们根据准确和全面的信息做出决策。

7．决策能力训练

决策能力是创造思维和判断能力的综合体现。通过模拟决策场景、学习决策理论，人们可以提高自身的决策能力，确保在面对实际问题时能够做出明智的选择。

8．团队协作与实践

团队协作是锻炼创造思维和判断能力的有效途径。在团队中，人们可以学习到不同的思考方式和决策方法，通过交流和合作，可以激发自身的创新思维，提高判断能力。

综上所述，协调提升创造思维和判断能力需要人们在多个方面进行努力。通过不断学习和实践，人们可以逐渐掌握这些技巧和方法，从而在生活和工作中做出更加明智和有创意的决策。

### 探究活动

#### 思维训练——开动你的大脑

1．发散思维训练

（1）请在 5 分钟内尽可能多地写出含有数字一到十的成语，如"一心一意""五颜六色"等，然后与同学比一比，看谁写得最多且正确。

（2）绘制一张思维导图，尽可能多地列出缓解上班高峰期电梯拥挤的方法。

2．收敛思维训练

（1）下列两组词语中，哪组中有一个词语与同组的其他词语不同？

    A．房屋　　冰屋　　平房　　办公室　　茅舍

    B．沙丁鱼　鲸鱼　　鳕鱼　　鲨鱼　　　鳗鱼

参考答案：A

（2）请分别为下面三组题目填上缺失的数字或字母。

    A．2，5，8，11，＿＿＿＿＿＿

    B．2，5，7

       4，7，5

       3，6，＿＿＿＿＿＿

    C．e，h，l，o，s，＿＿＿＿＿＿

参考答案：14，5，u

3．联系思维训练

（1）请分别列出下面每组中的两个事物之间存在的联系，联系列得越多越好。

    A．桌子和椅子

    B．人才市场和商品市场

    C．工厂和学校

（2）如果遇到交通堵塞，车辆排起了长龙，你会产生哪些联想？

4．逻辑思维训练

（1）在8个同样大小的杯子中，有7杯盛的是凉开水，1杯盛的是白糖水。你能否只尝3次，就找出哪一杯盛的是白糖水？

（2）一个人花8元钱买了一只鸡，9元钱卖掉了。然后他觉得不划算，又花了10元钱把鸡买回来，11元卖给了另一个人。请问，他赚了多少钱？

5．逆向思维训练

（1）"哭笑娃娃"游戏。

学生一起玩"石头、剪刀、布"的游戏，要求每局中赢的一方要做"哭"的动作，输的一方要做"笑"的动作，做错的被淘汰。

（2）"反口令"游戏。

学生每两人一组，根据"口令"做相反的动作，如一方说"起立"，对方就要坐着不动；一方说"举左手"，对方就要举右手；一方说"向前走"，对方就要向后走……总而言之，双方要"反着来"。谁先做错就算谁输。

## 学习单元二
# 动手操作与实践能力

### 学习目标

1. 理解动手操作与实践的内涵。
2. 明确动手操作与实践的特性及构成要素。
3. 了解动手操作与实践能力的培养途径。

培养个人的动手操作和实践能力至关重要，它不仅能提升人们解决问题的能力，还能激发人们的创新思维。在实践过程中，人们能够锻炼出实际操作技巧，更深入地理解和吸收理论知识。从长远来看，培养动手操作与实践能力能够为人们未来的职业发展提供坚实的基础，帮助人们更好地应对挑战和机遇。因此，动手操作与实践能力的培养对个人的全面发展至关重要。

## 一、动手操作与实践的内涵

### 知识链接

#### 动手操作与实践的内涵分析

动手操作与实践是指个体通过亲身参与，运用所学理论知识指导实际操作，从而获取知识、技能和方法的过程。它不仅涉及对工具的使用、材料的处理等实际操作技能，更包括对观察、分析、解决问题和创新思维等能力的培养。

动手操作与实践是指个体在特定职业领域内，通过实际工作经验的积累和技能的操作运用，以增强职业能力和提升职业素养为目标的一系列活动。这些活动可能包括岗位实习、项目参与、技能培训和实际操作等。

## 二、动手操作与实践的目的与意义

动手操作与实践的主要目的是帮助学生或从业者将所学的理论知识与实际操作相结

合，提升个人的职业技能和实践能力。通过动手操作与实践，参与者可以更加深入地了解职业领域的实际需求和流程，增强解决实际问题的能力，并为未来的职业发展打下坚实的基础。

动手操作与实践对个人的职业发展具有重要的意义。通过动手操作与实践，参与者可以更加明确自己的职业兴趣和发展方向，积累实际工作经验和技能，提升职业素养和综合能力，为未来的职业道路奠定坚实的基础。同时，动手操作与实践也是参与者建立职业关系网的重要途径，可以通过与行业内人士的交流和合作，为未来的职业发展搭建良好的平台。

## 三、动手操作与实践的特性

### （一）实践性

动手操作与实践的首要特点是实践性。它强调个体通过亲身参与、实际操作来获取知识和技能。这种实践方式不限于理论学习，更注重将理论知识应用于实际情境，从而加深对理论知识的理解和提升应用能力。

### （二）创新性

动手操作与实践鼓励创新思维和方法的运用。在实践过程中，参与者常常需要面对新情况、新问题，这要求他们发挥创造力，提出新的解决方案。这种创新性有助于培养个体的创新思维和解决问题的能力。

### （三）自主性

动手操作与实践通常要求个体具备一定的自主性。这意味着参与者需要主动探索、独立思考，而不是简单地接受现成的知识和方法。这种自主性有助于培养个体的自主学习能力和终身学习的意识。

### （四）综合性

动手操作与实践通常涉及多个领域和方面的知识和技能。这种综合性要求参与者综合运用各种知识和方法解决实际问题。这种综合性有助于培养个体的跨学科思维和综合能力。

### （五）实效性

动手操作与实践注重实际效果和应用价值。它强调通过实践来检验理论，通过实际操作来解决问题。这种实效性使得动手操作与实践成为知识转化为能力的重要途径。

### （六）趣味性

动手操作与实践通常具有一定的趣味性。这种趣味性可以激发个体的兴趣和动力，使他们在实践中更加投入和积极。这种趣味性也有助于培养个体的探索和创造精神。

### （七）互动性

动手操作与实践通常涉及多个个体的互动和合作。这种互动性要求参与者之间进行沟通和协作，共同完成实践任务。这种互动性有助于培养个体的团队协作能力和沟通能力。

### （八）反思性

动手操作与实践强调反思和总结的重要性。在实践过程中，参与者需要对自己的操作方法和结果进行反思，分析其中的问题和不足，提出改进措施。这种反思性有助于培养个体的批判性思维和自我提升的能力。

动手操作与实践具有实践性、创新性、自主性、综合性、实效性、趣味性、互动性和反思性等多重特点。这些特点使得动手操作与实践成为个体学习和发展的重要手段，有助于培养个体的综合能力和终身学习的意识。

## 四、动手操作与实践的构成要素

### （一）明确目标与计划

任何实践活动都始于明确的目标和计划。在动手操作前，应清晰地确定实践的目的和期望达到的成果。制订详细的计划，包括时间安排、步骤分解等，这有助于指导实践的进行。

### （二）准备所需材料与工具

实践活动的成功往往依赖于合适的材料和工具。根据实践的目标和计划，预先准备好所需的材料和工具，这样可以确保实践的顺利进行。

### （三）遵循步骤进行操作

实践操作需要遵循一定的步骤和流程。遵循步骤进行操作，能够确保实践的准确性和有效性，减少错误和偏差。

### （四）注意安全与规范

在实践活动中，安全和规范至关重要。参与者应时刻关注安全事项，遵守操作规范，避免发生意外和事故。

### （五）观察记录与分析

实践操作不仅是动手的过程，也是观察和记录的过程。参与者应仔细观察实践过程中的现象和变化，记录相关数据和信息，并对其进行分析和解读，以加深对实践的理解。

### （六）解决问题与调整

在实践过程中，难免会遇到问题和挑战。参与者应具备解决问题的能力，灵活调整实践方案和方法，以应对不同的情况和需求。

### （七）反思与总结

在实践结束后，参与者需要进行反思与总结，分析自己在实践过程中的表现和收获，找出存在的问题和不足之处，并提出改进的措施和建议。通过反思与总结，参与者可以更加深入地了解自己的职业能力和发展方向，为未来的职业发展做好规划。

动手操作与实践的构成要素包括明确目标与计划、准备所需材料与工具、遵循步骤进行操作、注意安全与规范、观察记录与分析、解决问题与调整及反思与总结。这些要素共同构成了实践操作的基本框架和指导原则，能够为参与者提供清晰的指导和支持，有助于他们有效地进行实践活动，提升能力和技能。

## 五、动手操作与实践能力的培养途径

### （一）参与项目实施：专业与职业的结合

在专业学习和职业实践中，参与真实项目是培养学生实践能力的关键环节。通过参与所学专业相关的项目，学生能够将理论知识应用于实际工作中，增强对专业的理解和认识。同时，通过参与职业导向的项目，学生还能提前了解行业环境，为未来的职业发展做好准备。

### （二）动手实验操作：专业技能的锤炼

动手实验操作是培养学生专业技能的重要途径。在专业实验室中，学生可以使用专业设备进行操作实验，加深对专业知识的理解，提高实验技能和操作能力。同时，这种实践经历还能帮助学生更好地适应未来的职业要求，提升职业竞争力。

### （三）实践活动与实习：职业环境的亲身体验

通过参与实践活动与实习，学生能够亲身体验职业环境，了解行业的工作流程和实际操作要求。这些经历不仅能够帮助学生更好地理解和应用所学知识，还能为其未来的职业发展积累宝贵的实践经验。

### （四）动手制作与创新：专业知识的创造性应用

动手制作与创新是培养学生创新思维和创造力的有效手段。学生可以利用所学专业知识进行创作或设计作品，将理论知识转化为实际应用。这种过程不仅能够检验学生对专业知识的掌握程度，还能够激发学生的创新思维和创造力，为其未来的职业发展奠定坚实基础。

### （五）解决实际问题：专业知识的实际应用

在实际工作中，学生可以利用所学专业知识解决实际问题。通过分析和解决现实问题，学生能够加深对专业知识的理解，提高解决问题的能力。这种实践方式不仅能够提升学生的实践能力，还能为其未来的职业发展提供有力支持。

### （六）技能训练与提升：持续的专业成长

随着技术的不断发展和职业要求的变化，学生需要不断学习并提升自己的技能。通过定期的技能培训和练习，学生能够跟上职业发展的步伐，保持竞争力。这种持续的学习和进步不仅能够让学生更好地适应未来的职业要求，还能够为学生的职业发展提供源源不断的动力。

### （七）团队协作与交流：职业素养的全面提升

在团队协作中，学生需要学会与他人合作、沟通和分享。通过参与团队项目或实践活动，学生能够锻炼自己的团队协作能力，提高职业素养。同时，通过交流讨论，学生可以取长补短，共同进步，为未来的职业发展打下坚实基础。

结合专业实践与职业实践内容拓展动手操作与实践能力的培养途径不仅能够帮助学生更好地理解和应用所学知识，还能够为其未来的职业发展提供有力支持。通过参与项目、动手实验、实践活动、动手制作、解决实际问题、技能训练和团队协作等多方面的实践经历，学生能够全面提升自己的实践能力和职业素养，为其未来的职业发展奠定坚实基础。

### 📐知识拓展

#### 常见职业的动手操作与实践活动

不同职业都需要进行动手操作与实践活动，每个职业都有其独特的技能要求和实践内容。这些实践活动不仅能帮助从业者提升专业技能，也能促进他们在实际工作中发展和成长。

## 1. 医生

**实验操作**：医生在实验室进行各种医学实验，如细菌培养、药物敏感性测试等，以研究疾病的发病机制和治疗方法。

**临床操作**：例如，进行手术、缝合伤口、插管、注射等，这些操作要求医生具备高超的技术和丰富的经验，以确保患者的安全和治疗效果。

**诊断实践**：通过听诊、触诊、叩诊等手段，结合医学仪器，如心电图机、超声诊断仪等，进行疾病诊断，要求医生具备准确的判断力和丰富的临床经验。

## 2. 工程师

**设计与绘图**：工程师根据项目需求进行结构设计、设备选型等，并使用 CAD 等绘图软件绘制工程图纸。

**实验操作**：例如，在实验室进行材料性能测试、结构强度分析等，以确保工程设计的安全性和可靠性。

**现场实践**：工程师须亲自到现场进行勘查、测量等工作，以确保施工与设计要求相符，并解决现场出现的各种问题。

## 3. 厨师

**食材处理**：例如，切配、腌制、炖煮等，要求厨师掌握各种食材的处理方法和烹饪技巧，以确保菜品的口感和营养价值。

**菜品制作**：根据菜单和客户需求制作各种菜品，要求厨师具备高超的烹饪技艺和创新能力，以满足客户的口味需求。

**卫生与安全实践**：厨师需定期进行食品安全培训，并严格遵守卫生规范，确保食品的安全和卫生。

## 4. 美容师

**皮肤护理**：为客户进行皮肤分析，提供合适的护肤方案，包括清洁、保湿、抗衰等。

**化妆技巧**：掌握各种化妆技巧，如打底、画眉、涂睫毛膏等，为客户打造完美妆容。

**美甲设计**：为客户提供美甲设计服务，包括指甲修剪、涂色、装饰等。

## 5. 机械师

**机械维修**：对汽车、摩托车或其他机械设备进行拆卸、检查和维修，确保它们能正常运行。

**部件更换**：例如，更换发动机、制动系统或轮胎等关键部件，这需要机械师具备相关技能和工具。

**设备调试**：对新安装的机械设备进行调试和优化，确保其符合性能要求。

## 6. 美发师

**发型设计**：根据客户的需求和头发类型为客户设计合适的发型，这需要对各种发型有深入的了解并具备创意。

剪发与修剪：使用专业的剪刀和工具进行头发的修剪和造型，这需要精准的技巧和对发型的理解。

染发与护理：为客户提供染发、护发和其他美容服务，确保客户头发的健康和美观。

**7. 建筑师**

建筑设计：使用 CAD 等软件进行建筑设计，包括建筑外观、内部结构、材料等。

模型制作：制作建筑模型，以便更好地展示设计理念或供客户参考。

现场勘查：亲自到建筑现场进行勘查，确保设计与实际场地相符，并解决现场可能出现的问题。

**8. 记者**

采访实践：与各种人士进行面对面采访或电话采访，获取第一手资料和信息。

写作与编辑：将采访内容整理成文章或报道，并进行必要的编辑和润色。

报道发布：将编辑好的文章发布到报纸、杂志、网站或社交媒体等平台上。

**9. 电工**

电路安装：根据建筑布局和设备需求安装电线、开关、插座等电气设备。

故障诊断：使用电工工具和仪器对电气故障进行排查和诊断，如短路、断路等。

设备维护：定期检查和维护电气设备，确保其正常运行和安全使用。

**10. 花艺师**

花束制作：使用各种鲜花、绿叶和其他装饰材料制作精美的花束，以适应不同场合和节日。

花艺布置：为婚礼、宴会、展览等活动提供花艺布置服务，包括餐桌装饰、背景墙等。

花卉养护：了解各种花卉的生长习性和养护要求，为花卉提供合适的生长环境，确保其健康生长。

## 探究活动

**1. 探究活动实践：自制简易太阳能热水器**

· 学习目标

（1）培养学生的动手操作和团队合作能力。

（2）让学生了解太阳能热水器的原理和工作机制。

（3）通过实践探究，提高学生的创新思维和解决问题的能力。

· 材料准备与分工

（1）材料：透明塑料瓶、黑色吸热材料、铝箔纸、橡皮筋或绳子、水、温度计。

（2）分工：

设计制作组：负责制作太阳能热水器。

　　数据记录组：负责观察和记录水温变化。

　　分析总结组：负责分析数据和总结结论。

·**操作步骤与方法**

（1）将透明塑料瓶清洗干净，去掉标签。

（2）在瓶子外部包裹黑色吸热材料，以提高吸热效率。

（3）用铝箔纸包裹塑料瓶，反射阳光并集中热量。

（4）用橡皮筋或绳子固定好铝箔纸，确保不会脱落。

（5）向塑料瓶中加水，注意不要加满。

（6）将塑料瓶放置在阳光充足的地方，让阳光直射到铝箔纸上。

（7）使用温度计定期测量水温，并记录数据。

·**观察记录与分析**

　　数据记录组需要每隔一段时间测量并记录水温，观察阳光照射时间和水温变化之间的关系。分析总结组需要根据这些数据进行分析，探讨太阳能热水器的工作效果和效率。

·**问题解决与反思**

　　在操作过程中，可能会遇到一些问题，如水温上升缓慢、铝箔纸脱落等。团队成员需要一起讨论并寻找解决方案。同时，也需要对探究过程进行反思，总结经验教训，为今后的活动提供参考。

·**结论总结与应用**

　　经过实践操作和数据分析，团队成员需要得出结论，并讨论太阳能热水器的优缺点和适用范围。此外，还需要探讨如何将太阳能热水器应用到实际生活中，以及如何进一步提高其效率。

·**安全与规范注意事项**

（1）制作过程中要注意安全，避免割伤等意外伤害。

（2）操作过程中要注意观察周围环境，确保没有易燃易爆物品。

（3）在测量水温时要注意避免烫伤。

（4）操作结束后要及时清理现场，保持环境整洁。

·**活动拓展与延伸**

　　除了制作太阳能热水器外，还可以进行其他与太阳能相关的探究活动，如制作太阳能灶、太阳能灯等。此外，还可以探讨其他可再生能源的应用和发展前景，提高学生的环保意识和科学素养。

　　**2．案例分析**

　　小李是一名就读于某中职学校的电子商务专业学生，他怀揣着对电商行业的浓厚兴趣和对未来职业的憧憬，开始了他的学习之旅。在中职学校的学习过程中，小李逐渐明确了自己的职业方向——他想成为一名优秀的电子商务运营专员。他了解到，这个岗位需要具备扎实的电子商务理论基础、熟练的实践操作能力和敏锐的市场洞察力。

为了达成自己的职业目标，小李在校期间积极参与各类实践活动。例如，在学校的电子商务实训课程中，他通过模拟真实的电商运营环境，学习了如何进行产品上架、订单处理、客户服务等实际操作。此外，小李还参加了学校的创业团队，负责线上店铺的运营推广工作。在这个过程中，他学会了如何分析市场趋势、制定营销策略及优化用户体验。

在一次实习机会中，小李有幸进入了一家知名电商公司担任实习运营专员。他的主要任务是负责一款新产品的上线推广。小李首先分析了市场上同类型产品的特点和用户需求，然后结合公司的品牌定位和资源状况，制定了一套详细的推广方案。他通过优化产品详情页、制定吸引人的促销策略及利用社交媒体进行精准营销等手段，成功吸引了大量潜在客户，并实现了产品销量的快速增长。

小李通过在校期间的学习和实践活动，不仅掌握了电子商务专业的理论知识，还培养了自己的实践操作能力。在实习期间，他能够灵活运用所学知识解决实际问题，展现了出色的职业素养和能力。这个案例说明，作为一名中职学校的学生，要想在电子商务行业取得成功，不仅需要有扎实的理论基础，更需要有丰富的实践经验和敏锐的市场洞察力。只有这样，才能在激烈的市场竞争中脱颖而出，实现自己的职业梦想。

**讨论：** 你认为一个优秀的电子商务运营专员应具备哪些动手操作与实践能力？

## 学习单元三
# 语言表达与沟通能力

### 学习目标

1. 了解语言表达与沟通能力的含义、分类。
2. 熟记影响语言表达与沟通的主要因素。

## 一、语言表达与沟通能力的含义

语言表达与沟通能力是指一个人把自己的思想、情感、想法和意图等，用语言、文字、图形、表情和动作等清晰明确地表达出来，并善于让他人理解、体会和掌握的能力。

## 二、语言表达与沟通能力的分类

语言表达与沟通能力是个人能力的重要组成部分，它在日常生活、学习、工作中都发挥着重要作用。根据不同的维度，可以将语言表达与沟通能力分为以下几类：

1．按照表达形式分类

（1）口头表达能力：指通过口头语言进行信息传递、情感表达的能力。

（2）书面表达能力：指通过文字形式进行信息记录、表达观点、叙述事实的能力。

（3）肢体语言表达能力：指通过身体动作、面部表情等非言语手段进行沟通的能力。

2．按照沟通对象分类

（1）个体沟通能力：指与单个个体进行有效沟通的能力。

（2）群体沟通能力：指在多人场合中进行有效表达和沟通的能力。

3．按照沟通目的分类

（1）信息沟通能力：指准确、有效地传递信息的能力。

（2）情感沟通能力：指表达个人情感、同理心及处理他人情感反应的能力。

（3）说服沟通能力：指在影响他人观点、态度或行为时的有效沟通能力。

4．按照沟通风格分类

（1）直接沟通能力：指直接表达自己的想法和需求，不拐弯抹角的能力。

（2）间接沟通能力：指通过暗示、委婉表达等方式进行表达的能力。

5．按照沟通环境分类

（1）正式沟通能力：指在正式场合，如会议、演讲等，遵循一定的格式和规范进行沟通的能力。

（2）非正式沟通能力：指在非正式场合，如日常闲聊、社交活动等，较为随和地进行沟通的能力。

6．按照语言使用的准确性分类

（1）精确表达能力：指在表达时使用精确、恰当的词汇和句式的能力。

（2）模糊表达能力：指在特定情境下故意使用模糊语言，以适应特定的沟通需求的能力。

7．按照语言使用的创造性分类：

（1）创造性表达能力：指能够创造性地使用语言，进行艺术性表达的能力。

（2）规范性表达能力：指在表达时遵循语言规范，不追求创新变异的能力。

了解和提升不同分类下的语言表达与沟通能力，有助于个体在社会交往中更加得体、有效地进行交流。

### 哲思寓理

### 染灰的米饭——沟通化解误会

孔子周游列国，因兵荒马乱，旅途困顿，三餐经常以野菜果腹。一天，孔子的弟子颜回好不容易要到了一些大米，便将它们煮了。米饭快煮熟时，孔子刚好路过，看到颜回掀起锅盖抓了些米饭吃。孔子装作没有看见，若无其事地走开了。饭煮好后，颜回请孔子进食。孔子想起之前看到的场景，就说："我梦见祖先来找我，我想把干净的、没人吃过的米饭拿来祭祀祖先。"颜回听了慌张地说："不行，这锅米饭我已经吃了一口，不可以祭祖先。"接着，颜回涨红了脸，说："我不是故意吃掉米饭的。刚才煮饭时，有灰落到了锅里，我觉得染灰的米饭丢掉太可惜了，就把这些米饭抓起来吃掉了。"孔子听后，才知道自己误会了颜回。

这个故事告诉我们：在与他人相处的过程中，如果没有及时沟通，按照自己的想法去揣测他人，很容易对对方产生误会。如果能够及时沟通，就能减少彼此之间的误解，缓和彼此之间的关系。由此可见，沟通在人际交往中是非常重要的。

（资料来源：搜狐网，有改动）

## 三、影响语言表达与沟通能力的主要因素

通常情况下，影响语言表达与沟通能力的主要因素有以下几个方面。

### （一）个人认知因素

不同的个体对同样的事物与信息往往会产生不同的看法，这是由每个人独特的认知框架和交流方式决定的。所谓认知框架，就是人们认识事物的方法和模式，它主要受个人的知识经验、文化背景、社会地位及个人特征的影响。

在沟通的过程中，信息发送者往往会按照自己的语言习惯、思考方式和表达方式去传递信息，信息接收者则会根据自己的信息解码方式、经验及需要有选择地接收信息。若信息发送者传递出的信息不能完全被信息接收者理解，就会出现"沟通漏斗"效应，如图5-1所示。

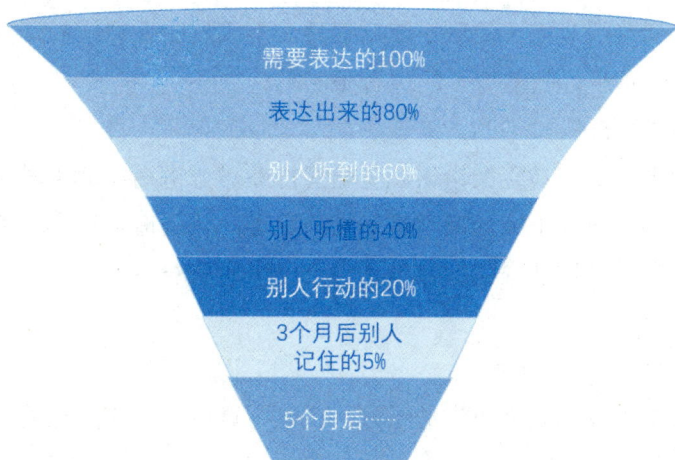

图5-1 "沟通漏斗"效应

## （二）沟通渠道因素

沟通渠道是否畅通、是否合适也是影响语言表达与沟通效果的重要因素。在语言表达与沟通的过程中，信息发送者应注意选择适合的语言表达与沟通渠道，以避免信息由于语言表达与沟通渠道过长、中间环节过多等原因而在传递过程中被歪曲或丢失。在职场中，一些重要的信息最好采用正式的书面文件等渠道进行传递。

## （三）信息传递方式

在人与人进行面对面的沟通时，信息发送者通常会根据个人习惯，在语言表达的过程中辅以非语言信息（如手势、表情等），这些非语言信息会对信息接收者理解信息内容造成很大影响。因此，信息发送者在传递信息时要注意非语言信息和语言信息的一致性。同时，信息接收者在倾听时，也要多关注对方的非语言信息，从而确保自己完全理解对方所表达的信息。

# 四、提高语言表达与沟通能力的基本途径

## （一）认真倾听

倾听和听不同。听是人的感觉器官对声音的生理反应。而倾听不仅仅是用耳朵去听，还需要个体全身心地感受对方在谈话过程中表达的语言信息和非语言信息。它是更有目的、更认真、更积极地听，是一种生理活动，更是一种情感活动。倾听是一项非常重要的人际沟通技能，它可以帮助个体了解他人、与他人建立信任、获取信息等，在人们的工作和生活中发挥着重要作用。

要做到认真倾听，我们应注意以下几点。

1. 营造安静的谈话氛围

营造安静的谈话氛围，需要做到不随意插话，不跟周围人窃窃私语，不用身体的其他部位制造噪声，如跺脚声、拉动椅子的声音等。

2. 不随意打断对方讲话

在倾听的过程中，最容易犯的错误就是随意打断对方讲话，急于发表自己的观点。这样做不仅不礼貌，还会让人不能准确理解对方的意思，从而造成误会。所以，在表达自己的观点之前，应先让对方把话说完，并确认自己已经明白对方所表达的真实意思后再表明自己的看法。

3. 善于听出对方的言外之意

倾听是一个仔细观察和认真思考的过程。在倾听过程中，应通过观察讲话者的表情、手势等非语言信息判断对方的言外之意。

**4．学会换位思考**

在倾听过程中，要学会站在对方的立场上去考虑问题，体会对方的感受，并对对方的感情做出积极的回应。适度共情可以帮助人们走进对方的内心世界，赢得对方的好感和信任，从而使沟通顺利开展。

### （二）有效表达

表达是沟通中非常重要的一环。在日常学习和生活中，人们无时无刻不在进行表达，但只有那些把信息清晰、准确地传递给对方的表达才能成为有效表达。学会有效表达，可以提高与他人沟通的效率，建立并维持良好的人际关系。

要想学会有效表达，应注意以下几点。

**1．称呼得体**

恰当、得体的称呼能使对方感到亲切，从而为接下来的交谈创造良好的氛围；称呼不得体，往往会引起对方的不快甚至反感，使交谈受阻或中断。所以，在沟通时，应根据对方的年龄、身份、职业，以及交往的场合及双方关系的亲疏远近来决定对对方的称呼。

**2．层次清晰**

要想做到有效表达，首先需要理清思路，确保所要表达的内容逻辑清晰、层次分明，否则很可能说了很多，对方却还是无法完整接收和充分理解我们所传递的信息。

**3．重点突出**

在表达时，应开门见山，先说重要的信息，再进行有针对性的补充，切忌滔滔不绝，让人抓不住重点。

**4．通俗易懂**

有效表达的关键在于对方能否听懂，因此在表达时要充分考虑对方的年龄、教育背景等，用通俗易懂的语言来表达，切忌故作高深或过多使用专业术语。

**5．适度称赞**

每个人都希望得到他人的赞美。如果沟通时能够发掘对方的优点并适时地进行赞美，对方通常会很愿意继续沟通下去。需要注意的是，对他人的赞美要适度、真诚，要有具体的内容，绝不能曲意逢迎、盲目奉承。

**6．避免争论**

沟通时容易陷入争论，但争论的结果往往是互不服输、面红耳赤，甚至演化成人身攻击，使沟通双方不欢而散。这对沟通的负面影响是显而易见的。因此，如果沟通双方产生了分歧，则应尽量避免争论，通过讨论、协商等途径解决分歧。若无法达成共识，"求同存异"是最好的处理方式，这样既表达了自己的原则，又不会把个人的想法强加于他人，不会损害彼此之间的感情。

### 探究活动

**1．倾听游戏**

（1）将学生们分成若干组，人数不限，每组人数相同。

（2）每组学生从前到后纵向排列。

（3）老师把写着不同语句的字条（20～30字）分配给每组。每组从前面第一名学生开始，一对一用说悄悄话（说话时不能让其他人听到）的方式将字条的内容依次传给后面的学生。

（4）每组最后一名学生将自己听到的内容在全班学生面前复述出来。然后请每组的第一名学生将纸条内容大声读出来。

（5）让学生们思考以下几个问题：

每个小组最后一名学生听到的内容与字条内容有哪些差距？为什么会产生这些差距？这个游戏对你有什么启发？

**2．案例分析**

有四个营销员接到任务，到庙里向和尚推销梳子。

第一个营销员到了庙里，问和尚要不要梳子。和尚说没有头发不需要梳子。所以他一把也没有卖出去，只能空手而归。

第二个营销员到了庙里，告诉和尚，头要经常梳一梳，不仅止痒，而且可以活络血脉，有益健康。念经念累了，梳梳头，头脑清醒。第二个营销员卖出了十多把梳子。

第三个营销员到了庙里后，对和尚说，您看这些香客多虔诚呀！在那里烧香磕头，磕了几个头起来，头发都乱了，香灰也落到了他们头上。您在每个庙堂的前堂放一些梳子，供香客梳头使用，他们因感恩寺庙的关心，下次还会再来。第三个营销员卖出了一百多把梳子。

第四个营销员到了庙里后，对和尚说，庙里经常接受香客的捐赠，得有回报给人家，买梳子送给他们是最好的礼品。你们可以在梳子上写上庙的名字，再写上"积善梳"三个字，以示对香客的感谢和祝福。你们可以买些梳子作为礼品储备在庙里，等香客来了就送给他们。这样做，保证庙里香火更加旺盛。第四个营销员卖出了好几千把梳子，而且还有之后的订货。

**讨论：** 同样都是到庙里卖梳子，为什么每个人的销售业绩不一样呢？

## 学习单元四
# 职业信息处理与学习能力

### 学习目标

1. 理解职业信息处理与学习能力的内涵与特性。
2. 明确职业信息处理与学习能力的构成要素。
3. 掌握培养职业信息处理与学习能力的基本途径。

在当今这个充满各种各样信息的时代，职业信息处理和学习能力是职场成长和成功的第一推动力，是衡量个人能否胜任所处岗位、体现个人能否适应职场的能力。具备良好的职业信息处理和学习能力可以帮助个人顺利进入职业状态并取得职业生涯的成功，实现职业理想。一般来说，职业信息处理和学习能力强的人在职业发展过程中获得成功的机会更多，更易于取得成就。

## 一、职业信息处理与学习能力的内涵

职业信息处理能力的内涵主要涉及对**职业相关信息的有效收集、整理、分类、分析与综合等操作。**

职业信息处理能力是一种专业技能，它要求个人能够针对职业和工作岗位进行正确的情报获取和处理。这种能力包括了解行业趋势、劳动市场的供需状况、求职者的资质需求和职业发展前景等。具体来说，职业信息处理不仅需要收集信息，更重要的是对这些信息的可靠性和相关性进行判断，并据此做出合理的职业选择和规划。在现代职场中，这种能力尤其重要，因为它可以帮助个人在不断变化的市场环境中保持竞争力，同时也有助于个人职业成长和事业发展。

学习能力的内涵则是指个人在**知识获取、理解、记忆、归纳和问题解决等方面的能力，以及通过学习和训练形成相应能力的迁移过程。**

学习能力是一个多维度的概念，它不仅包括知识的掌握，还涵盖学习动力、态度和策略等方面。学习能力的核心在于如何有效地吸收、整合和应用新知识，使之转化为实际能力和技能。以知识为中心的学习强调对知识的理解和记忆，常见于应试教育环境中。而以能力为中心的学习，则侧重于通过学习和训练产生的学习迁移，形成相应的能力，这在成人教育和职业发展中尤为重要。自主学习能力则是这一概念的一个分支，它包括学习动机、观念和方法等多个方面，指的是个体在学习过程中自我驱动、自我调节的能力。

总的来说，无论是职业信息处理能力还是学习能力，它们都强调了个体在现代社会中的自我发展和适应能力。对于个体而言，不断提升这两种能力是实现职业发展和个人成长的关键。

## 二、职业信息处理与学习能力的特性

职业信息处理与学习能力不同于一般素养，是在职业中表现出来的职业信息处理与学习能力。

职业信息处理能力的特性包括以下5点。

（1）信息获取能力：迅速、准确地获取所需信息的能力，包括从各种来源获取信息并加以整合。

（2）信息分析能力：能够对获取的信息进行分析、解释和评估，以理解其含义和影响。

（3）信息应用能力：将分析后的信息应用到实际工作中，以解决问题、做出决策或者支持工作任务的完成。

（4）信息管理能力：有效地组织和存储信息，使其易于访问和利用。

（5）信息沟通能力：能够清晰、准确地向他人传达信息，并理解他人提供的信息。

学习能力的特性包括以下5点。

（1）快速学习：迅速理解和吸收新知识、新技能的能力，以适应不断变化的工作环境。

（2）持续改进：不断反思和改进自身的工作方式和方法，以提高效率和成果。

（3）适应能力：能够灵活适应新的工作环境和任务要求，包括接受新观念和新方法。

（4）主动学习：积极主动地寻求学习机会，不断拓展自己的知识和技能。

（5）问题解决：运用所学知识解决实际问题，并从中获取经验教训，以便将来更好地应对类似情况。

这些特性使个体能够不断适应新的挑战和环境，持续提升自己，为工作和生活的各种情况做好准备。

## 三、职业信息处理与学习能力的构成要素

（1）基础核心能力：这部分能力包括职业沟通、团队合作和自我管理等基本能力。这些能力是职场中不可或缺的，对于个人的日常工作和生活都至关重要。

（2）拓展核心能力：这部分能力包括解决问题、信息处理和创新创业等能力。这些能力有助于个人在职业生涯中的发展，特别是在面对新挑战和机遇时能够迅速适应和创新。

（3）延伸核心能力：这部分能力包括领导力、执行力、个人与团队管理等能力。这些

能力对于个人在组织中担任高级别职位时尤为重要。

（4）信息能力：指理解、获取、利用信息的能力以及利用信息技术的能力。这部分能力包括分析信息内容和来源、鉴别信息质量、评价信息价值、决定信息取舍及分析信息成本的能力。

综上所述，职业信息处理与学习能力的构成是多维度的，不仅包括基础的职业技能，还包括高级的信息处理能力和终身学习的能力。这些能力的提升有助于个人在不断变化的职业环境中保持竞争力，实现职业生涯的持续发展。

## 四、培养职业信息处理与学习能力的基本途径

职业信息处理与学习能力的培养是个人职业发展中的重要环节，其有助于提升个人的竞争力和适应力。以下是一些培养职业信息处理与学习能力的基本途径。

（1）持续学习：树立终身学习的理念，通过参加培训、研讨会、网络课程等方式不断更新和扩充知识储备。

（2）目标设定：明确个人职业发展目标，根据这些目标来指导信息收集和学习内容的选择。

（3）实践应用：将所学知识应用到实际工作中，通过实践来加深理解和提高技能。

（4）信息素养教育：提供专门的信息素养培训，帮助个人掌握有效的信息检索、评估、处理和使用技巧。

（5）批判性思维训练：培养批判性思维能力，提高对信息的分析和评价能力，以便更好地判断信息的可靠性和适用性。

（6）参与团队项目：通过团队合作项目提高沟通协调能力，并从中学习他人的优秀的职业信息处理方法和学习方法。

（7）反馈和评估：定期自我评估或寻求他人反馈，了解自己在职业信息处理和学习方面的优势和不足，据此进行改进。

（8）技术工具的使用：熟练使用各种信息技术工具，如数据库、办公软件、在线学习平台等，以提高信息处理的效率和学习的质量。

（9）创新思维：培养创新思维，鼓励尝试新的方法和途径来解决问题，提高解决问题的能力。

（10）建立知识体系：在学习过程中构建和完善自己的知识体系，便于信息的存储和提取。

职业信息处理与学习能力的培养是一个全方位、多渠道的过程，需要个人主动参与和不断实践。通过上述方法的持续实施，个人可以在这两方面形成强大的能力，从而在职业生涯中取得更好的成就。

## 常见职业的职业信息处理与学习能力素养要求

**1. 工程技术人员的职业信息处理与学习能力素养**

能够运用科学的学习方法独立地获取、加工、利用专业信息来解决实际问题。

工程技术人员的职业信息处理与学习能力素养是指这类专业人员在信息技术广泛应用的环境下，为了适应工作需要而必须具备的信息处理技能和持续学习的能力。

信息识别与获取：能够有效识别与工作相关的信息需求，并熟练使用各种工具和技术来获取所需数据和资料。

信息分析与评价：能够对收集到的信息进行质量评估，包括其准确性、可靠性、相关性、完整性及时效性，以确定信息的适用性。

信息加工与整合：能够对信息进行筛选、分类、整理和加工，将不同的信息资源整合为有用的知识。

信息利用与创新：在确保信息安全和合法利用的前提下，创新性地应用信息解决工程技术问题，提高工作效率。

信息技术应用：能够熟练掌握各种信息技术工具，如 CAD（计算机辅助设计）、项目管理软件、数据分析工具等，并能根据工作需要进行选择和应用。

工程技术人员的职业信息处理与学习能力素养是他们成功完成工作任务、持续个人发展以及适应未来挑战不可或缺的能力。通过培养和提升这些素养，工程技术人员能够更有效地应对工作中的各种复杂问题，并实现个人职业生涯的成长。

**2. 广告策划、设计人员的职业信息处理与学习能力素养**

对于广告策划和设计人员而言，职业信息处理与学习能力素养是关键的专业素质之一。他们应具有大局观，能以战略眼光解决实际问题；具备较丰富的知识，具有较强的识别判断能力；法治道德观念较强，有法律意识，有道德标准。

创意思维能力：在广告设计中，创新思维是核心。这不仅要求设计人员具有丰富的想象力，还要求他们能够在处理信息时跳出常规，提出新颖的创意方案。

技术熟练度：能够熟练掌握各种广告设计和制作工具，如 Photoshop、Adobe Illustrator 等，以及相关的数字媒体平台，能够高效地进行创意实现和修正。

信息整合与管理：能够整合来自不同来源的信息，包括文字、图像、视频等，并能有效地管理和归档这些资料，以备后续使用。

广告策划、设计人员的职业信息处理与学习能力素养是他们创造有效广告内容、实现商业目标的基础。通过不断提升这些能力，他们可以更好地适应行业变化，创造更具影响力的广告作品。

**3. 推销和采购人员的职业信息处理与学习能力素养**

推销和采购人员在日常工作中需要处理大量的信息，并不断学习新的市场动态、产品知识及销售策略。他们的自我管理能力较强，严格自律；具备扎实的专业知识基础，能够较准确地把握市场行情。

市场分析能力：能够收集和分析市场数据，识别市场趋势和消费者需求，以便制定有效的销售和采购策略。

客户信息管理：熟悉 CRM（客户关系管理）系统，能够有效记录、更新和分析客户信息，以便进行个性化的推销和建立长期的客户关系。

数据分析与解读：具备一定的数据分析技能，能够通过销售数据、库存状况等信息来评估业绩，预测未来趋势，并据此调整策略。

沟通协调能力：在信息的传递和沟通中要清晰准确，能够与供应商、客户及其他团队成员有效协调。

信息技术应用：能够熟练使用各种办公软件和信息系统，如电子表格、数据库、ERP（企业资源规划）系统等，以提高工作效率。

问题解决能力：面对挑战时，能够快速收集相关信息，分析问题根源，并提出解决方案。

推销和采购人员的职业信息处理与学习能力素养对他们的工作成效至关重要。通过提高这些能力，他们可以更好地理解市场动态，优化供应链管理，提升销售绩效，最终为公司带来更大的价值。

**4. 金融和财会人员的职业信息处理与学习能力素养**

金融和财会人员在处理大量的数字和数据的同时，也需要具备高效的信息处理能力和持续学习的素养。以下是金融和财会人员应当具备的职业信息处理和学习能力素养。

财务分析能力：能够对财务报表进行深入分析，理解其背后的经济含义，并据此做出合理的财务决策。

数据处理技巧：能够熟练掌握各类财务软件和数据库操作，高效地进行数据录入、查询、整理和分析工作。在进行财务核算和编制报告时，需要注意细节，确保所有数据的准确无误。

审计跟踪能力：能够对财务流程进行审计，发现可能存在的问题，并提出改进措施。

信息技术运用：能够适应新的财务信息系统和自动化工具，提高信息处理的效率和准确性。

金融和财会人员的职业信息处理与学习能力素养对于确保公司财务健康、规避风险以及支持公司战略决策具有重要作用。通过提升这些素养，他们可以更好地适应快速变化的金融环境和日益复杂的财务任务。

### 5. 外贸工作人员的职业信息处理与学习能力素养

外贸工作人员在全球化贸易环境中需要处理来自不同国家和地区的大量信息，并快速适应不断变化的国际市场。以下是外贸工作人员应当具备的职业信息处理与学习能力素养。

市场研究与分析：能够收集和分析国际市场的数据，包括客户需求分析、竞争对手分析、价格趋势分析等，以便制定有效的贸易策略。

文档处理能力：能够熟练准备、审核和处理与国际贸易相关的各种文件，如商业发票、装箱单、原产地证明、信用证等。

信息技术应用：能够使用现代信息技术工具，如电子邮件、在线交易平台、EDI（电子数据交换）等，以提高通信效率。

外贸工作人员的职业信息处理与学习能力素养对于成功开展国际贸易至关重要。通过提升这些素养，他们可以更好地应对国际交易中的复杂情况，提高交易效率，降低风险，并为公司创造更大的价值。

### 6. 教师的职业信息处理与学习能力素养

教师的职业信息处理和学习能力素养对于提高教学质量和适应现代教育环境至关重要。以下是教师在职业信息处理与学习能力方面的几个关键要素。

信息技术的应用能力：教师需要熟练使用信息技术工具，如计算机、互联网、多媒体设备等，以便于在教学过程中有效地获取、整合和加工信息。

信息意识：教师应具备敏锐的信息意识，能够认识到信息在教育中的重要性，并积极寻找和利用信息资源来丰富教学内容和手段。

数字化学习与创新：教师应掌握数字化学习方法，能够利用数字工具进行自主学习和专业发展，同时也能够创新教学方法，提高学生的学习兴趣和效果。

信息社会责任：教师应理解并承担信息社会中的责任，包括维护网络安全、保护学生隐私和促进信息伦理等。

教师的职业信息处理与学习能力素养不仅涉及对技术技能的掌握，还包括对信息的敏感度、计算思维、数字化学习的能力，以及在信息社会中的责任意识。通过持续的学习和实践，教师可以在这些领域不断提升自己，以更好地适应现代教育的要求。

### 7. 商业经营人员的职业信息处理与学习能力素养

商业经营人员的职业信息处理与学习能力素养对于提高企业的经济效益和市场竞争力具有显著影响。以下是商业经营人员在职业信息处理与学习能力方面的核心素质。

信息处理能力：商业经营人员要能够有效地收集、整理和分析各种商业信息，以便及时做出正确的商业决策。在信息泛滥的时代，具备筛选有用信息的能力尤为关键，这要求经营人员能够迅速识别出对企业发展有价值的信息。

沟通协调能力：商业经营人员不仅需要处理信息和学习新知识，还需要与团队成员、客户及合作伙伴进行有效沟通和协调。具备良好的沟通能力有助于商业经营人员更好地理解客户需求，协调内部资源，以实现企业目标。

创新能力：在竞争激烈的商业环境中，创新是企业持续发展的关键。商业经营人员需要具备创新思维，能够提出新的解决方案和创意。

执行能力：即使有了良好的策略和计划，没有强大的执行力也无法取得成果。商业经营人员的执行能力可以直接影响企业战略的实施效果。

商业经营人员的职业信息处理与学习能力素养对于个人职业发展和企业的长远发展都至关重要。这些能力不仅需要通过日常工作实践来不断提升，也需要企业的系统培训和个人的自我学习来加以强化。

## 探究活动

1. 选择一位职业导师，可以是专业教师、企业导师，或社区导师，做一次访谈，了解导师的从业历程及其对所从事职业的认识，完成以下练习。

导师姓名：_____ 年龄：_____ 技术等级：_____

职业（岗位）名称：_____ 从业年限：_____

取得的荣誉：_____

（1）职业导师的工作内容及工作事迹（100 字左右）：

_____

_____

（2）分析职业导师工作中体现出的职业信息处理与学习能力素养有哪些：

职业信息处理素养：

_____

职业学习能力素养：

_____

_____

2. 案例分析

沈阳东宇集团是一个集体所有制的高科技企业。1993 年，全国刮起了房地产风，年轻的东宇人也按捺不住了，投资建设起东宇大厦。正当大厦盖到一半时，公司创始人庄宇洋预感到国家紧缩政策即将实施，这必将使基础建设热浪迅速退潮，于是断然决定停建大厦，将资金转移到科技上来。他反复跟大家讲一个道理：如果我们非要把大厦盖起来，凭我们的实力完全可以，但我们要考虑一个机会成本问题。现在我们的撤退是战略上的调整，可以说是暂时的。我们今天的停建是为了今后的续建。我们搞企业不能凭头脑发热，要有激情，更要有理性。他还拿围棋之道作比喻：建大厦可以说是"打入"，"打入"基本成功之后的缓建应该说是"脱先"，转入科技产业是进入另一个"大场"。

正是庄宇洋的这个有效控制使东宇集团避免掉入一个大陷阱。不久，东宇工研院研究出了离子水生成器，交给了东宇电气公司生产经营。这个既保健又养颜的新产品上市后，大受欢迎。东宇集团连续两年盈利。1997年的营销额达到3个亿，产品零库存。1998年，庄宇洋看到中国经济的回升势头，认为房地产将在经济转暖过程中起到拉动作用，于是指挥东宇置业公司杀了个回马枪，续建东宇大厦。一年之后，一袭银装的26层东宇大厦巍然耸立。1999年3月，东宇集团总部入驻备受瞩目的东宇大厦。

**讨论**：庄宇洋在集团决策的过程中表现出了哪些信息处理和学习能力？

## 自我评估

### 信息获取能力测试

做这些题目时，不需要思考，立即回答。

① 你认为信息收集能力重要吗？
　　A. 重要
　　B. 一般
　　C. 不重要

② 你认为提高信息获取能力对你的学习、工作、生活作用大吗？
　　A. 作用大
　　B. 一般
　　C. 不大

③ 你是否愿意为提高自己的信息获取能力而付出一定资金来购买学习资料？
　　A. 愿意
　　B. 可能
　　C. 不大愿意

④ 你是否愿意利用课余的时间来收集信息而使你的信息更完整？
　　A. 愿意
　　B. 可能
　　C. 不大愿意

⑤ 你了解所学专业领域术语的内涵吗？

A. 大部分能够了解

B. 有时候能了解

C. 大部分不能够了解

⑥ 你能对检索出的信息进行综合归纳,并能清楚地陈述自己的观点吗?

A. 大部分能够

B. 根据问题而定

C. 大部分不能够

⑦ 你能够做到从不同的数据库和数据来源中收集有关某一学科的相关信息吗?

A. 能

B. 只有特定的数据库能够收集

C. 大部分不能够

⑧ 你有利用图书馆的纸质书籍和电子资料获取本专业领域相关信息的习惯吗?

A. 总是

B. 有时会

C. 很少会

⑨ 你认为已有的科学研究结论和知识在本学科学习和实践中的作用非常重要吗?

A. 很认同

B. 比较认同

C. 不大认同

⑩ 你所学习的专业领域的前沿信息很容易吸引你的注意力吗?

A. 通常能

B. 有时能

C. 很少能

⑪ 你上网浏览信息时,会通过题目对该信息产生兴趣、有强烈的获取全文信息来探究其实质内容的欲望吗?

A. 通常会

B. 有时会

C. 很少会

⑫ 如果你想了解某行业技术的发展情况,通常会使用多少种信息来源渠道来获取信息?

A. 5种以上

B. 3～4种

C. 1～2种

评分规则：选 A 得 3 分，选 B 得 2 分，选 C 得 1 分。

测评结果：30 分以上，说明你对信息收集有很强的意愿，且具备一定的信息收集能力。

17～30 分，说明你的信息收集意愿与能力一般，请努力提升。

17 分以下，说明你的信息收集意愿与能力很差，急需提升。

## 学习单元五
# 岗位适应与耐挫能力

### 学习目标

1. 理解岗位适应与耐挫能力的定义。
2. 明确岗位适应与耐挫能力的重要性。
3. 掌握岗位适应与耐挫能力培养的方法。

## 一、岗位适应

在职场中，无论是新入职的员工，还是经验丰富的老员工，都可能面临岗位适应的问题。岗位适应不仅是对新环境的适应，更是个体在职业生涯中不断成长和发展的关键。下文将深入探讨岗位适应的重要性，影响岗位适应的因素及如何有效地进行岗位适应。

### （一）岗位适应的内涵

### 知识链接

#### "岗位"内涵的语义学分析

岗位是指组织内部要求某一个体或群体完成的单项或多项工作职责及其为此所赋予该个体或群体的权力的总和。通常情况下，岗位是跟随实际工作需要而设定的，也就是人们常说的"因需设岗、因事设岗"。

岗位适应指的是个体在面对新的工作岗位时，通过自我调整和学习，逐渐适应并胜任该岗位的过程。它涵盖工作技能、工作流程、团队文化等多个方面。

### （二）岗位适应的重要性

（1）提高工作效率：适应新的岗位能够使个人更快地掌握工作流程、工具、方法和环境，从而提高工作效率。

（2）增强职业竞争力：快速适应岗位的能力是许多企业和组织所看重的，这种能力能够增强个体的职业竞争力。

（3）促进个体成长：通过岗位适应，个体可以学习到新的知识和技能，从而实现个体职业生涯的成长和发展。

### （三）影响岗位适应的因素

（1）个人特质：如学习能力、自我调整能力、沟通能力等都会影响个体的岗位适应。

（2）岗位特性：如工作的复杂性、变化性、挑战性等都会影响个体的岗位适应。

（3）组织环境：如组织文化、领导风格、团队协作等都会对个体的岗位适应产生影响。

### （四）培养岗位适应能力的方法

（1）明确角色与期望：了解自己在组织中的角色和职责，以及上级和同事对自己的期望。

（2）主动学习与沟通：主动学习新的知识和技能，同时与同事和上级保持良好的沟通，了解他们的工作习惯和需求。

（3）建立人际关系：与同事建立良好的人际关系，积极参与团队活动，增强自己的团队归属感。

（4）灵活应对变化：在工作中遇到问题时，要保持冷静和开放的心态，及时调整自己的工作策略和方法。

（5）寻求反馈与改进：定期向上级和同事寻求反馈，了解自己的工作表现，从而进行有针对性的改进。

案例一：

#### 从技术专家到团队领导的角色转变

张先生是一名资深的软件工程师，因表现出色被提拔为团队领导。任职团队领导后，他发现自己不仅要管理技术问题，还要处理人际关系和进行团队沟通。面对新的角色，张先生积极学习管理知识，主动与团队成员沟通，了解他们的需求和期望。经过一段时间的适应，他成功地带领团队完成了多个项目，并赢得了团队的尊重。

案例二：

#### 面对失败的项目经验

李女士是一名市场营销专员。在一次新产品推广活动中，由于市场调研不足，推广效果远低于预期。面对失败，李女士没有气馁，而是及时总结经验教训，深入分析了失败的原因。她重新规划了市场调研流程，并在后续的推广活动中加强了与客户的互动。通过不断的努力，李女士最终带领团队实现了良好的市场业绩。

案例三：

## 从医生到管理者的跨界转型

王医生是一名资深的医生，因在医院表现出色被提拔为科室主任。面对从专业医生到管理者的转变，王医生开始关注团队建设、资源分配和流程优化等方面。起初，他遇到了很多困难，但通过不断学习和实践，他逐渐适应了新的角色。在他的带领下，科室的医疗服务质量和效率得到了显著提升。

## 知识拓展

### 常见职业的岗位适应建议

对于一些常见的职业如何做到岗位适应，有如下建议。

**1. 教育背景与技能**

对于技术类职业，如软件开发工程师，需要具有计算机科学或相关专业的学士或硕士学位，并熟练掌握编程语言和技术。

对于金融类职业，如投资顾问，需要具有金融、经济或相关专业的教育背景，并了解金融市场和投资工具。

对于销售类职业，虽然没有特定的专业要求，但良好的沟通技巧和人际交往能力是非常重要的。

**2. 工作经验与资质**

对于管理类职位，如项目经理，通常需要有一定的工作经验，以及相应的项目管理资质，如PMP（项目管理专业人员资质认证）。

对于法律类职业，如律师，需要通过法律职业资格考试并获得执业资格证书。

**3. 个人品质与特质**

客户服务代表需要有耐心、同理心和解决问题的能力。

创业者需要具有冒险精神、创新能力和决策力。

**4. 行业知识与了解**

对于医疗行业的医生，需要不断更新医学知识，了解最新的医疗技术和治疗方法。

对于市场营销人员，需要了解市场趋势、消费者行为和竞争对手策略。

**5. 团队合作与沟通**

在任何团队中，良好的沟通和团队合作能力都是必不可少的。这包括倾听、表达、协商和解决冲突的能力。

**6．持续学习与成长**

在快速发展的行业中，如科技、金融和媒体，持续学习和适应新技术、新方法和新趋势是非常重要的。

**7．工作态度与责任感**

对于所有职业，积极的工作态度、高度的责任感和职业道德都是必不可少的。这包括对工作的热情、对质量的追求和对错误的承担。

**8．职业规划与发展方向**

了解自己的兴趣和优势，设定明确的职业目标和发展路径。

定期评估自己的职业进展，根据需要调整职业规划和发展方向。

## 探究活动

**1．了解岗位背景与要求**

（1）选择一个具体的职业岗位（如软件开发工程师、市场营销专员、护士等），并深入了解该岗位的日常工作流程、主要任务和职责。

（2）研究该岗位所需的技能、知识、资格证书和经验要求。

**2．个人能力与技能评估**

（1）回顾自己的教育背景、工作经验和个人特质，评估自己与所选岗位要求的匹配程度。

（2）识别自己在该岗位上的优势和不足，特别是与岗位要求相比存在的差距。

**3．适应过程与挑战**

（1）设想自己进入该岗位后的适应过程，可能面临的挑战和困难。

（2）分析这些挑战和困难可能对个人职业发展造成的影响。

**4．应对策略与方法**

（1）制订个人发展计划，包括提升技能、获取资格证书、积累工作经验等方面的具体措施。

（2）提出解决岗位适应过程中可能遇到的困难和挑战的策略和方法。

**5．实践成果与收获**

（1）记录在实践探究活动过程中的学习经历、技能提升和问题解决的过程。

（2）总结在实践中的收获，包括对个人能力的认识、职业发展的启发等。

**6．问题与反思**

（1）分析在实践过程中遇到的主要问题和难点，并探讨其成因。

（2）反思自己的应对策略是否有效，如何改进以更好地适应岗位。

**7．未来规划与展望**

（1）基于实践探究活动的经验和教训，制定未来职业发展的规划和目标。

（2）展望未来在所选岗位上的可能发展路径，并提出为实现这些目标所需的进一步学习和实践计划。

# 二、耐挫能力

## 知识链接

### "挫折"内涵的语义学分析

什么是挫折？《现代汉语词典》（第7版）第二条释义将其解释为：失败；失利。《辞海》（第六版彩图本）将其解释为：失利；挫败。在社会心理学和行为科学中，挫折是一种情绪状态，是指人们在某种动机的推动下，为实现目标而采取的行动遭遇到无法逾越的障碍或干扰，导致目标无法实现、需要不能满足时而产生的一种紧张状态和情绪反应。

在职场中，每个人都会遇到挫折和困难。耐挫能力是指个体在面对失败、压力、逆境或挑战时所展现出的心理韧性和应变能力。具备强大的耐挫能力可以帮助人们更好地应对职场中的挫折，保持积极的心态，从而取得更好的职业发展。下文将深入探讨耐挫能力的重要性和培养耐挫能力的方法。

### （一）耐挫能力的重要性

（1）保持积极心态：耐挫能力强的个体在面对挫折时能够保持积极的心态，不轻易放弃，从而更有可能找到解决问题的方法。

（2）提高应对压力的能力：职场中常常面临各种压力和挑战，耐挫能力可以帮助个体更好地应对这些压力，减少焦虑和压力对工作的影响。

（3）促进个人成长：挫折和失败是成长的催化剂。通过面对挫折并克服它们，个体可以吸取更多的经验和教训，促进个人职业生涯的成长。

### （二）培养耐挫能力的方法

（1）接受挑战：主动接受一些具有挑战性的任务，通过实践来培养自己的耐挫能力。

（2）保持积极心态：在面对挫折时，积极寻找解决问题的方法，而不是沉溺于负面情绪。

（3）反思与学习：在遭遇挫折后，及时反思自己的表现，总结经验教训，以便在未来更好地应对类似的情况。

（4）寻求支持：在面对挫折时，与同事、朋友或家人分享自己的感受，寻求他们的支持和鼓励。

（5）培养自信心：通过不断学习和提升自己的能力，增强自信心，从而在面对挫折时更加坚定和自信。

（6）合理宣泄：挫折感憋在心里，会越积越多，在达到一定阈值后，易使人无法承受，因此必须善于寻找合理的宣泄途径，如通过哭泣、倾诉、运动、书写等途径将压抑的情感充分发泄出来，使内心得到解脱。

**案例一：**

### 客服人员的情绪管理与压力应对

赵小姐是一名客服人员，每天需要面对大量的客户咨询和投诉。面对工作压力和情绪挑战，赵小姐始终保持冷静和耐心。她通过积极的情绪管理技巧和有效的沟通方法，成功地解决了许多难题，赢得了客户的赞誉。赵小姐的经历展示了客服人员在面对压力和挫折时，应如何保持良好的职业素养和耐挫能力。

**案例二：**

### 创业初期的挑战与坚持

陈先生是一名年轻的创业者，成立了一家初创企业。在创业初期，他面临过资金紧张、市场竞争激烈等诸多挑战。然而，陈先生并没有被这些困难所打败。他坚持自己的目标和愿景，不断寻找市场机会和资源合作。经过几年的努力，他的企业逐渐崭露头角，并取得了良好的业绩。陈先生的经历展示了创业者在面对困难和挫折时，应如何保持坚定的信念和耐挫能力。

### ✕ 知识拓展

### 对工作中遇到的挫折的常用应对措施

当在工作中遇到挫折时，以下是一些常用的应对措施。

1. 接受现实并调整心态：首先要认识到挫折是工作中很常见的一部分，每个人都会遇到。接受这个现实并尝试调整自己的心态，以更积极、乐观的态度去面对。

2. 分析问题并找出原因：仔细分析导致挫折的具体原因，这有助于更好地理解问题，并找到有效的解决方案。

3. 寻求帮助和支持：不要害怕向他人寻求帮助和支持。与同事、领导或朋友分享你的困扰，他们可能会为你提供新的视角或建议，帮助你找到解决问题的方法。

4. 制订明确的行动计划：根据分析的结果，制订一个明确的行动计划，包括具体的步骤和时间表。这有助于你更有条理地应对挫折，并朝着解决问题的方向前进。

5. 保持积极的心态和情绪：努力保持积极的心态和情绪，相信自己有能力克服困难。尝试使用一些情绪调节技巧，如深呼吸、冥想等，来保持冷静和理智。

6. 从失败中学习：将挫折视为一个学习和成长的机会，通过反思和分析失败的原因来吸取经验教训，提高自己的能力和技能。

7. 调整目标和期望：如果挫折是由目标过高或期望不切实际导致的，那么适当调整目标和期望是很有必要的。设定更实际、可达成的目标，有助于减少挫折感。

8. 保持耐心和坚持：有时候解决问题需要时间和努力。保持耐心和坚持，不要轻易放弃，相信通过持续的努力一定能够克服挫折并取得成功。

## 探究活动

### 提升耐挫能力实践活动

**1．挫折体验分享会**

在班会上分享自己在学习、生活中遇到的挫折以及应对挫折的经验和教训，以此来引导他人从挫折中汲取力量，学会正确地看待失败和挫折。

**2．挫折模拟挑战**

设计一系列模拟挫折场景，如学习成绩下降、人际关系紧张等，在模拟情境中体验挫折感，并从中发现自己在面对挫折时的不足之处，寻求改进方法。

**3．挫折应对策略制定**

制定个性化的挫折应对策略。例如，建立积极心态、寻求他人帮助、设定合理目标等。在实践中学会运用这些策略，提高自己的耐挫能力。

**4．团队合作挑战任务**

分组进行团队合作挑战任务，在完成任务的过程中体验团队合作的重要性。在面对挫折和困难时，互相鼓励、支持，共同攻克难关，培养团队协作和抗压能力。

# 职业一般素养

学习单元一

# 职业知识与技能素养

## 学习目标

1. 理解职业知识的相关内容。
2. 明确职业技能培养的重点。
3. 掌握提高职业综合能力的方法及树立终身学习的意识。

在日新月异的社会环境中,职业知识与技能素养已成为人们迈向成功职业生涯的基石。无论身处哪个行业,具备扎实的职业知识、熟练的职业技能及全面的综合能力,都是实现个人价值和社会价值的关键所在。

## 一、职业知识的概述

职业知识不仅指与特定职业相关的专业知识,还包括行业趋势、市场动态、法律法规等方面的内容。一个优秀的职业人士应该能够不断学习、更新自己的知识体系,以适应不断变化的工作环境。通过系统地学习职业知识,人们可以更好地把握职业发展的方向,提升自己的竞争力。

通过系统学习职业知识,人们能够对职业领域有全面的认识,从而为未来的职业发展奠定坚实的基础。为此,可以采取以下方式全面、深入地学习职业知识。

### (一)查阅行业资料

(1)前往学校图书馆或公共图书馆查找与所选行业相关的书籍、期刊和报告。

(2)利用网络资源,如行业门户网站、专业论坛和博客,获取行业动态和最新信息。

### (二)学习行业课程

(1)选修与所选行业相关的课程,深入了解行业知识。

(2)参加学校或行业组织的讲座、研讨会和培训,与行业专家进行面对面的交流。

### (三)关注政策法规

(1)访问政府官网或相关部门网站,了解与行业相关的政策法规。

（2）关注行业新闻，及时了解政策变化及其对行业的影响。

### （四）研究职业岗位

（1）通过招聘网站、企业官网等渠道，查看职业岗位的招聘要求和职责描述。

（2）与已经在该行业工作的人进行交流，了解他们的实际工作经验和职责。

### （五）参加实习和实训

（1）利用假期或课余时间参加与所选行业相关的实习或实训项目。

（2）在实习过程中，向导师和同事请教，了解行业实际运作情况。

### （六）利用社交媒体

（1）在社交媒体平台上关注行业大咖、企业和机构，获取一手的行业动态。

（2）参与与行业相关的讨论和话题，与其他从业者交流心得和经验。

### （七）制订学习计划

（1）根据自己的实际情况和兴趣，制订一个系统的学习计划。

（2）设定明确的学习目标，分阶段进行学习和实践。

通过以上方式系统学习职业知识有助于对职业领域有深入的理解和全面的认识，还能够帮助人们明确自己的职业定位和发展方向。通过全面认识职业领域，可以更加清晰地了解自己的优势和不足，从而制定出符合自身特点的职业规划。这种明确的职业规划能够帮助人们在未来的职业发展中更加有目标、有计划地前进。

## 二、职业技能培养的重点

明确职业技能培养的重点至关重要。职业技能是从业人员在职场中赖以生存和发展的核心能力。因此，从业人员既要不断提高自身的技术技能、沟通技能和团队协作技能，要在培养职业技能的过程中注重理论与实践的结合，通过实际操作来加深对职业技能的理解和掌握。同时，从业人员还要学会跨界学习，将不同领域的技能融会贯通，形成自己独特的竞争优势。

### （一）专业技术的运用

无论是制造业、服务业还是信息技术行业，都需要从业人员掌握相关的专业知识和技能。这些专业知识和技能可能包括编程、机械设计、客户服务等内容。通过系统的学习和实践，从业人员能够逐渐掌握这些技能，并将其应用到实际工作中。

## （二）工具和设备的使用

不同的职业领域会使用各种不同类型的工具和设备。例如，制造业工人需要操作机床、焊接设备等；服务业员工可能需要使用 POS 机、办公软件等工具。熟练掌握这些工具和设备的使用方法，能够大大提高工作效率和质量。

## （三）业务流程的操作

在大多数行业中，都有一套标准的业务流程和操作规范。从业人员需要了解并熟练掌握这些流程，以便在工作中能够迅速适应并高效完成任务。这包括了解从接单到交付的整个流程，以及其中各个环节的注意事项。

## 知识拓展

### 常见销售业务流程

1. 市场研究与目标客户定位。
2. 潜在客户开发与接触。
3. 销售演示与产品介绍。
4. 需求分析与方案制订。
5. 商务谈判与合同签订。
6. 订单执行与产品交付。
7. 收款与客户关系维护。
8. 销售分析与反馈。

你还能举一些其他例子吗？

## （四）实践操作和模拟训练

通过实际操作，从业人员可以亲身体验工作流程，发现问题并寻求解决方案。模拟训练则能够为从业人员提供一个安全、可控的环境，让他们在没有实际风险的情况下进行技能练习。通过实践操作和模拟训练的结合，从业人员不仅能够熟练掌握职业技能，还能够提高工作效率和质量。这种能力的提升不仅有助于从业人员在当前的工作岗位上表现出色，还能够为其未来的职业发展提供更多的机会和可能性。

因此，在职业教育中，应该注重实践操作和模拟训练的重要性，为从业人员提供更多的实践机会和资源，帮助他们更好地掌握与职业相关的基本技能和实际操作能力。同时，从业人员也应该珍惜这些实践机会，积极参与学习和训练，努力提升自己的职业素养和能力水平。

## 三、提高职业综合能力的方法

职业综合能力包括创新思维、解决问题的能力、领导力等多个方面。这些能力不仅能够帮助从业人员在工作中取得更好的成绩，还能够提升从业人员的综合素质，为其未来的职业发展打下坚实的基础。因此，从业人员应该注重培养自己的综合能力，通过参加各种实践活动、拓展自己的兴趣爱好等方式来提升自己的综合素质。

提高职业综合能力是一个持续学习和发展的过程。只有掌握一些具体的策略和方法，才能达成目标。

### （一）培养创新思维

学习和接触新事物：关注新技术、新产品和新方法，以开阔思维，寻找新的解决问题的方法。

多元化思维方式：通过思维导图、侧重点法等方法，培养开放、多元化的思维方式，增强创造力和想象力。

利用"反向思考法"和"联想法"：颠倒思维方向，运用逆向思维，将不同领域的知识结合起来，产生新的想法和思路。

### （二）提升解决问题的能力

分解问题：将复杂问题分解为更小、更可管理的部分，以便更清楚地理解问题结构，找到解决方案的入口点。

收集信息：使用各种信息收集方式，如调研、统计数据、专家意见等，以支持问题解决过程。

分析和评估：对问题进行深入分析和评估，了解问题的成因和可能的解决途径，运用逻辑和批判性思维评估不同解决方案的可行性和潜在风险。

### （三）发展领导力

明确愿景和目标：传达清晰的愿景和目标，激发团队成员的动力。

沟通和影响力：提升沟通能力和影响力，这是领导力的核心。

团队建设和合作：组建强大的团队，建立良好的合作关系，通过设定明确的角色和责任，鼓励团队成员之间相互协作和支持。

决策和问题解决：培养做出明智决策和解决问题的能力，建立信心。

### （四）持续学习和发展

自我评估：了解自己的优势和劣势，找出需要改进的地方。

学习新知识：不断更新知识储备，关注行业动态和发展趋势。

提升技能：根据职业发展目标，有针对性地提升技能。

实践经验：将所学知识和技能付诸实践，不断积累经验，勇于尝试新的方法和技巧，提高适应能力。

### （五）建立人际关系

培养良好的人际关系，学会与他人沟通、合作，这将有助于从业人员获取更多的资源和机会，提升自己的职业地位。

综上所述，提高职业综合能力需要综合运用多种策略和方法，并在实践中不断调整和优化。通过持续的努力和学习，通过不断挑战自我、超越自我，从业人员可以不断提升自己的职业综合能力，从而为未来的职业发展打下坚实的基础。

## 四、树立终身学习的意识

树立终身学习的意识并不断更新自己的知识和技能是一个长期且持续的过程，涉及个人的态度、行动和习惯等多个方面。

### （一）明确学习的重要性

（1）认识到学习是个人成长和职业发展的关键，是适应不断变化的社会和行业需求的基石。

（2）理解学习不限于学校或职场，而是一个伴随人一生的过程。

### （二）设定学习目标

（1）根据自己的职业发展和个人兴趣，制定长期和短期的学习目标。

（2）确保目标具体、可衡量，以便能够跟踪进度并评估成果。

### （三）保持好奇心和求知欲

（1）对新事物保持开放和好奇的态度，愿意尝试和探索不同的领域和知识。

（2）积极参与讨论和交流，与他人分享学习心得和见解。

### （四）持续学习实践

（1）利用各种学习资源和平台，如在线课程、书籍、研讨会等，不断拓展自己的知识领域。

（2）将所学知识应用到实际工作中，通过实践不断巩固和提升技能。

### （五）反思与总结

（1）定期回顾自己的学习过程和成果，总结经验和教训。

（2）根据反思结果调整学习策略和目标，确保学习进度始终与个人发展保持一致。

### （六）培养自主学习能力

（1）学会独立思考和解决问题，不依赖他人的指导和帮助。

（2）掌握有效的学习方法和技巧，提高学习效率和质量。

### （七）保持积极心态

（1）面对学习中的困难和挑战时，保持积极的心态和耐心。

（2）相信自己有能力不断进步和成长，坚信学习会带来长期价值。

### （八）利用技术工具辅助学习

（1）利用现代科技手段，如人工智能、大数据等，辅助自己的学习过程。

（2）通过在线学习平台或社交媒体等渠道，获取更多学习资源和信息。

在这个信息爆炸的时代，知识更新换代的速度越来越快。如果停滞不前、满足于现状，很快就会被时代所淘汰。因此，从业人员应该保持对新知识的渴望和追求，不断更新自己的知识体系，提升自己的职业技能。通过终身学习，从业人员可以不断适应社会的发展变化，保持自己的竞争力，实现个人和社会的共同进步。

## 知识拓展

### 不同职业技能的素养要求

不同的职业技能对应着不同的素养要求，这些要求与具体职业的性质、工作内容和工作环境密切相关。

**1. 技术类职业**

这类职业要求从业者具备扎实的专业知识和技能，能够熟练运用相关工具和设备进行实际操作。此外，解决实际问题的能力、工作质量和效率意识，以及持续学习和自我提升的能力也至关重要。

**2. 销售与客户服务类职业**

这类职业强调人际交往技能，包括与人交往、沟通、协作等能力。从业人员需要具备良好的沟通能力、同理心和解决问题的能力，以便与客户建立良好的关系，提供优质的服务。

**3. 管理与领导类职业**

这类职业除了要求管理人员具备扎实的专业知识和技能，还强调组织能力和计划能力，以及团队合作精神和领导力。此外，这类职业还要求管理人员能够合理安排工作任务和时间，带领团队高效协作，以实现组织目标。

**4．创意与设计类职业**

这类职业注重创新思维和创造力，要求从业人员具备独立思考和解决问题的能力。同时，良好的分析技能和审美能力也是不可或缺的，以便创作出独特且有价值的作品。

**5．语言类职业**

这类职业要求从业人员具备扎实的语言基础和良好的跨文化交际能力。从业人员要能够准确理解并传达信息，同时遵守行业规范和职业道德。

总的来说，不同的职业技能对应着不同的素养要求，但无论从事哪种职业，都需要从业人员具备高度的责任心和敬业精神、良好的职业道德和职业操守，以及持续学习和自我提升的能力。这些基本素质是职业生涯成功的基石，有助于从业人员在不断变化的工作环境中保持竞争力并实现个人价值。

## 探究活动

1．请利用课余时间，通过参加实践活动、向专业教师请教、上网搜索及查阅书籍等方式，了解所学专业的行业趋势、市场动态、法律法规等方面的职业知识内容，从以下几个方面完善一份职业生涯规划表。

学生姓名：_____　所学专业：_____

（1）自我认知（包括自己的兴趣、性格、价值观、优势和劣势）：
_____
_____

（2）分析行业发展趋势和前沿动态：
_____
_____

（3）行业所需具备的职业技能：
_____
_____

（4）设定职业目标：

短期学生生涯目标：
_____

中长期工作目标：
_____

2．案例分析

李四是2022级电子商务专业的学生，他积极参与学校活动，虽然获得了很多文体奖项，但对所学专业缺乏学习兴趣，到了二年级时，专业成绩排名倒数，对学生活动也失去了激情，表现出焦躁不安的情绪，有时想创业、有时想找工作、有时打算升学深造，生活、工作、学习和人际关系一团糟，渐渐开始在同学当中宣扬自己已经"躺平"。李四认为自己参加活动对找工作无用，身边的同学有的已经在准备参加升学考试了，自己也想考又怕考不上，这种复杂的心理让自己不知道该怎么办。在这种错综复杂的心理的驱动下，李四迷茫了。

**讨论：**如果你是李四的好朋友，你会如何帮助他走出困境？

## 学习单元二
# 职业行为习惯素养

### 学习目标

1．理解职业行为的含义。

2．明确自律与责任担当对职业行为习惯素养养成的重要性。

3．在新时代背景下，自觉在各项实践中养成良好的行为习惯，形成良好的职业道德，完成新时代国家赋予的使命与担当。

职业行为习惯素养旨在引导学生养成良好的职业行为习惯，提升职业素养和个人综合能力，以适应职场的需求，更好地迎接挑战。通过系统的学习和实践训练，学生能够逐步成为具备较高职业素养和综合素质的优秀人才。

## 一、职业行为的内涵

### （一）职业行为的含义

职业行为指的是受思想支配而表现出来的外表活动，简言之就是人们日常的行为举止。顾名思义，职业行为就是在职场中展现出来的行动。具体来说，职业行为是指人们对职业劳动的认识、评价、情感和态度等心理过程的行为反映，是达成职业目的的基础。

在职场中，个体行为的总和构成了自身的职业素养。职业素养是内涵，个体行为是外在表象。职业行为包括职业创新行为、职业竞争行为、职业协作行为和职业奉献行为等。

### （二）规范职业行为，提升职业行为习惯素养

俗话说："国有国法，家有家规。"无规矩不成方圆，有敬畏才知行止。在职场中，作为公司的一员应当遵守公司的规章制度，遵守行业的准则要求，提升职业行为习惯素养。

（1）职业行为习惯的养成有助于提高人的全面素质，有助于培养良好的职业观念、职业作风、职业道德习惯。

（2）职业行为习惯的养成有助于做出更多的贡献，实现人生价值。

（3）职业行为习惯的养成有助于和谐社会的发展。

## 二、弘扬自律担当，肩负时代使命

在对个体职业行为习惯的养成进行教育的过程中，培养自律意识是一项必要的措施。个体只有把良好的行为升华为自觉的行为，才能达到最高的境界。在职场中，从业人员应具备良好的自律意识，能够自觉遵守职场规则，按时完成任务，对自己的工作成果负责。

通过不断锻炼和反思，个体能够形成自我约束和自我管理的习惯，为职业发展奠定坚实的基础，在工作中实现自己的人生价值，在新时代完成自己的使命。

### （一）培养自律意识

自律是影响良好职业行为内化的重要因素和重要手段。只有具备了自律意识，通过不断锻炼和反思，不断依照行为规范进行自我认识和自我批评，才能找出差距，主动追求规范，形成自我约束和自我管理的习惯，为职业发展奠定坚实的基础。

自律意识并不是一朝一夕就能养成的，需要在日常的点滴中不断深化加强，完成自我升华。培养自律意识，可以从以下几个方面入手。

1. 至少坚持一个主动且有规律的每日微习惯

培养自律的一个非常简单有效的方法就是养成习惯。例如，每天练习写 50 个字、每天坚持跑步 800 米、每天坚持读一页书等，日积月累，就会在潜移默化中改变自己。

2. 设定明确的目标，并定期反思和总结

在每个阶段或者在做每件事的时候，应结合自己的性格特点、实际情况设定明确的目标，在实施的过程中定期反思和总结，以了解自己的优点和不足，激发内在动力。

3. 挑战借口

法国古典文学作家佛朗哥说过："我们所犯的过错，几乎都比用来掩饰过错的方法，更

值得原谅。"如果一个人有众多无法自律的理由，那么他要认清，它们只不过是一堆借口罢了。如果想获得成功，就必须向借口发起挑战。

4. 寻找自律榜样，发挥示范作用

寻找自律的榜样，如历史上的优秀的人物，当代的社会楷模，身边的老师、同学、家人和朋友。通过示范作用，引领人们向榜样学习，感受到自律的力量和魅力，激发自律意识。

### （二）做好新时代青年，担当新时代使命

**知识链接**

"不论学习还是工作，都要面向实际、深入实践，实践出真知；都要严谨务实，一分耕耘一分收获，苦干实干。广大青年要努力成为有理想、有学问、有才干的实干家，在新时代干出一番事业。"

——习近平总书记在北京大学师生座谈会上的讲话（2018 年 5 月 2 日）

青年是时代责任的担当者。作为新时代的青年人，时代赋予我们担当的使命，对家庭、对工作、对国家，我们都应该有一颗担当的心。一代人担负一代人的责任，这是国家、民族发展的动力所在，也是历史得以延续的基础。青年是整个社会力量中最积极、最有生气的力量，要在使命感的驱使下，凭借其创造力、想象力，成为国家、民族发展的主力，成为时代责任的担当者。

新时代青年要不断用社会主义核心价值观涵养自身的言行品格，自觉按照党和人民的要求不断锤炼自己、完善自己。自身的提高是为了成为建设国家的栋梁之材，而这一价值则要通过实践来实现，广大青年要积极投身于新时代中国特色社会主义的伟大实践，努力在新时代改革开放事业的奋斗中成为可堪大用、能担重任的栋梁之材。

## 三、在践行职业道德中养成良好行为习惯

### （一）职业行为受职业道德约束

俗话说："无规矩不成方圆，有敬畏才知行止。"一般来说，职业道德是指导职业行为的规范，职业行为与职业道德是密不可分的。不同的职业、不同的岗位有不同的道德要求和不同的行为准则。

## 知识链接

### 新时代中小学教师职业行为十项准则

一、坚定政治方向。 二、自觉爱国守法。

三、传播优秀文化。 四、潜心教书育人。

五、关心爱护学生。 六、加强安全防范。

七、坚持言行雅正。 八、秉持公平诚信。

九、坚守廉洁自律。 十、规范从教行为。

### （二）养成良好的职业行为习惯离不开实践活动

在职场中，参加实践活动是养成良好的职业行为习惯的最佳途径之一。因此，养成良好的职业行为习惯离不开实践活动。

实践形式是多种多样的。对于学生来说，一是可以通过专业学习、技能训练进行职业实践；二是可以到企业参加岗位实习，熟悉和适应岗位需求，在岗位实践中接受职业实践的磨炼，为今后的工作打下坚实的基础；三是毕业后走上工作岗位，在特定的岗位上更自觉地接受正规化训练，强化职业行为习惯，早日把自己培养成具备良好职业行为习惯的职业人。

## 知识拓展

### 《中等职业学校学生公约》

为深入贯彻习近平总书记系列重要讲话精神，培育和践行社会主义核心价值观，进一步加强中等职业学校德育工作，教育部组织起草了《中等职业学校学生公约》并于2016年9月1日正式颁布。

《中等职业学校学生公约》的内容如下。

爱祖国，有梦想。热爱祖国，热爱人民，热爱中国共产党。志存高远，服务人民，奉献社会。

爱学习，有专长。崇尚科学，追求真知；勤学苦练，精益求精；不会就学，不懂就问。

爱劳动，图自强。尊重劳动，勇于创造；艰苦奋斗，勤俭节约；从我做起，脚踏实地。

讲文明，重修养。尊师孝亲，友善待人；诚实守信，言行一致；知错就改，见贤思齐。

遵法纪，守规章。遵守法律，依法做事；遵守校纪，依纪行为；遵守行规，依规行事。

辨美丑，立形象。情趣健康，向善向美；仪容整洁，衣着得体；举止文明，落落大方。

强体魄，保健康。按时作息，坚持锻炼；讲究卫生，保持清洁；珍爱生命，注意安全。树自信，勇担当。自尊自信，乐观向上；珍惜青春，不怕挫折；敬业乐群，勇担责任。

## 探究活动

**1. 寻找榜样**

选择一名你熟知的职场成功人士，利用课余时间，通过上网搜索、查阅书籍等方式，了解其成功的经历，总结其获得成功的过程中有哪些行为习惯值得借鉴。

**2. 案例分析**

小王和小李是某职业学校畜禽生产技术专业的学生，两人既是同班同学又是老乡。在毕业后，两人同时应聘到了一家养殖企业，在同一岗位上班。

在校期间，小王就严格遵守学校的纪律。在岗位实习时，他也严格按照企业规章制度要求规范职业行为。在工作后，小王同样严格遵守各项规章制度，工作踏实，技术日益纯熟，业绩连年创优，很快便能独当一面，成为了技术骨干，三年后被提升为厂长。

小李在校时就对学校的各种规定很排斥，认为规矩太多，扼杀了自己的个性，约束了自己的自由发展，经常不按规章制度办事，随心所欲。参加工作后，总是马马虎虎，经常出一些小差错，有一次差点酿成大错，给企业造成损失。同事对他很有意见，领导对他多次批评无效，最后只好辞退了他。

**讨论：** 小王和小李为什么会出现两种不同的职业发展情况？

## 学习单元三
# 职业礼仪形象素养

## 学习目标

1. 掌握职业礼仪的相关内容。
2. 掌握职业形象的内涵。

在职场和社交场合中，得体的礼仪和良好的形象是通往成功的关键。礼仪与形象的有机结合，使职场新手能够快速融入职场，赢得他人的尊重和信任，提升个人的职业竞争力，实现自己的职业发展目标。因此，从业人员应该不断提升自己的职业礼仪形象素养，为未来的职业生涯发展奠定坚实的基础。

# 一、职业礼仪概述

### "礼仪"文化内涵的语义学分析

"礼仪"是指人们在社会活动中为了表示尊重、友好，在仪容、仪表、仪态及言谈举止等方面共同遵守的行为准则。

礼仪的"礼"是一种道德规范，简言之就是尊重，即在人际交往中，既要尊重自己，也要尊重他人；"仪"是一种礼节、仪式，即尊重自己、尊重他人所表现出的具体形式。礼仪是人类文明的产物。

## （一）职业礼仪的含义

职业礼仪是指人们在职业场所中所遵循的一系列礼仪规范，涉及穿着、沟通、交往等方面的内容，是职场中个人修养的集中体现。从个人修养的角度来看，职业礼仪展现出一个人的内在修养和外在形象；从与人交往的角度来看，职业礼仪是双方友好交往的媒介，是人际交往过程中约定俗成的习惯做法。

## （二）职业礼仪的原则

作为人们在职场中所遵循的一系列礼仪规范，职业礼仪有其自身的规律，这些规律就是职业礼仪的原则。

1. 尊重原则

古人云："敬人者，人恒敬之"。这句话说的是尊敬别人的人，别人也会尊敬他。尊重原则是职业礼仪的核心要义，也是职业礼仪的灵魂。只有相互尊重，才能在职场交往中获得和谐的人际关系。

2. 自律原则

职业礼仪作为一种约定俗成的礼仪，要求人们树立良好的职业道德信念和行为准则，并按照职业礼仪规范自觉约束自己的行为。在日常生活及职场中，要知礼、守礼，时时自我约束，自觉遵守职业礼仪规范，努力树立良好形象。

3. 宽容原则

职业礼仪是一门人与人交往的艺术。在人际交往的过程中，宽容是建立和谐人际关系的法宝。严于律己，宽以待人，应站在对方的角度考虑问题、处理问题。

4. 适度原则

职业礼仪作为职场中人际交往的规范，有一定的标准。与他人交往要讲究分寸，适可而止。在运用职业礼仪时既要把握与人交往的普遍规律，又要针对具体情况进行变通，让人们在交往过程中如沐春风。

### （三）职业礼仪的要求

1．爱岗敬业

职业礼仪是职业人道德素质的外在表现，体现出职业人对自己、对他人、对工作负责任的态度。在职场中，人们应该热爱本职工作，做到爱岗敬业。

2．尽职尽责

在工作中需要尽职尽责，在自己的岗位上认真完成自己的本职工作。

3．诚实守信

诚信乃为人之本、从业之道。诚实守信是一个人品德修养良好、道德高尚的表现。做人讲究诚实守信，这也是赢得别人信任与尊重的前提条件。

4．提升服务

每个行业都有自己的服务对象。职业礼仪要求从消费者、客服、办事群众的利益诉求出发，完善服务理念、提高服务质量、规范服务操作，为服务对象提供更优质的服务。

5．仪容得体

一个人只要仪容干净整洁、举止大方得体，就能给人留下清新、舒爽的印象。简洁大方的仪容展现的是良好的职业形象，传递的是从业者的职业修养及综合素质。

6．语言文明

俗话说"良言一句三冬暖，恶语伤人六月寒"，一个人的语言文明也是体现个人修养的重要方面。在人际交往中，恭敬有礼、文明的话语总能温暖人心。

### （四）职业礼仪的作用

1．有助于提高个人综合素质

礼仪是一种高尚的行为规范，它能引导人们向善、向美，纠正人们不良的行为习惯，倡导人们按礼仪规范的要求协调人际关系。通过学习和运用职业礼仪，有助于提高个人修养，有助于养成高尚的道德品质，从而真正提高个人的综合素质。

2．有助于实现有效的人际沟通

在职场中，我们需要同其他人打交道，此时就要遵守基本的礼仪规范，这既可以使我们在人际交往活动中充满自信、从容友善，还能够帮助我们实现有效的人际沟通，更好地向交往对象表达自己的尊重、友好与善意，增进彼此之间的友谊，取得事业的成功。

3．有助于维护企业形象，产生良好的社会效益和经济效益

企业形象是由企业的每位员工综合表现出来的，良好的企业形象有助于企业在激烈的市场竞争中获得有利的市场地位。职业礼仪规范是塑造员工良好形象的行为准则。企业员工遵守职业礼仪规范，有利于其塑造良好的个人形象和企业形象，在消费者或公众心中留

下良好印象，从而产生良好的社会效益和经济效益。

4．有助于提升企业凝聚力、向心力

在职场人际交往中，应严格遵循职业礼仪规范，约束自己的行为，这有助于在企业内部形成相互尊重、平等友好、彼此信任的工作氛围，增进彼此之间的友谊，提升企业的凝聚力、向心力。

## 二、职业形象概述

### （一）职业形象的内涵

职业形象是指人在职场中展现出来的形象和特质，具体包括外表形象、知识结构、品德修养、沟通能力等方面。它通过人的外貌衣着、言行举止反映出人的个性品质。职业形象是一种无声的语言。良好的职业形象能反映一个人的道德修养，能改善一个人与客户和同事之间的关系。

### （二）职业形象和个人职业发展有着密切的关系

随着社会的不断发展，企业员工的职业形象也越来越受到重视。员工的职业形象不仅对于企业来说具有重要的意义，对于个人的职业发展也有着重要作用。

个人的内在修养品质通过外在形象表现，并容易形成令人难忘的第一印象。第一印象在求职、社交活动中有很关键的作用。很多人力资源管理人员在招聘员工时，对应聘者职业形象的关注度非常高。

### 探究活动

**1．案例分析**

小李是一家物流公司的业务员，他的语言表达能力较强，对公司的业务流程也很熟悉，对公司产品的介绍详细得体，服务也很热情，给人一种朴实又勤快的感觉，且他的学历在业务员中是最高的，但是他的业绩总是上不去。小李对此非常着急，但是却不知道问题在哪里。

小李的性格大大咧咧，且不修边幅，头发经常乱蓬蓬的，指甲长长的，经常穿着的白色衬衣也总是皱巴巴的，还泛黄。

讨论：小李的业绩和个人礼仪有关系吗？在职场中我们应该遵守怎样的礼仪？

**2．任务演练**

请模拟演练商务活动中男士和女士的着装。

（1）学生自由分组，根据自己的身材着装。

（2）各组选派代表展示，由教师及其他学生对演练成果进行评价。